数 の 辞 典

著：澤宏司

絵：廣﨑遼太朗

雷鳥社

数とは何か

　数とはものやことの性質である。収穫した木の実を一族の皆に渡したい。足りるだろうか。この先に渡らなければならないいくつもの川がある。約束の日までの昼と夜はあとこれだけ。間に合うか。木の実の数、仲間の数、川の数、残りの日数。賢い者がこれらのあいだの一致や過不足を見出した。目に見えるもの、見えないものと区別をせず、それらがもつ性質として認め、考え、伝えるための道具が「数」だ。

　数とは、飛び飛びのきっちりしたものである。1個、2個、3個。リンゴと人の数が同じであれば1つずつ渡せる。ちょうど倍であれば2つずつ渡せる。このような数は今では「整数」と呼ばれる。では、5個を2人で分けてあまった1個をどうするか。ナイフで切って半分ずつ持っていけばよい。ある日、これも数と思えた者がいた。

　こうして、数は比やわり算の商のこととなった。5個のリンゴを2人で分ける。100の距離に等間隔で8本の木を植える。$\frac{5}{2} = 2.5$、$\frac{100}{8+1} = 11.111\cdots$。わり切れないこともあるけれど、どんな小数でも整数のわり算で表せるはず。だけどあれ？　正方形の対角線の長さは？　円の円周は？　比

やわり算のみで表すことに限界を感じ、1辺が1の正方形の対角線は$\sqrt{2}$、直径が1の円の円周はπと、新しい表現をかたちにした者が数を発展させた。

$\sqrt{2}$もπも数。負の数、2乗して負になる数も認めよう。こうして数は発展し、その意味するところが広がった。1、2、3、…の整数をもとに、そこからなんでも作ることができる。それだけでなく、古代エジプトで円や三角形の性質をかたち作ったときのように、「数とは何か」が整理され、数はルール化された産物になった。

「数とは何か」の整備、発展は今も続いている。木の実を数えるところから始まった数は、現代においてそこから大きく離れ、それゆえに応用の先が広がった。「1個のリンゴ」は目に見え、よって絵に描けるが、「1」そのものの絵は観たことがない。これが数のもつ役割と宿命である。

＊

本書の執筆では、2つのことに留意した。

1つは本書をお読みいただいた方が、数学を自分のこと

として感じていただけるように心を砕いた。数学に数や方程式は必ずしも必要ではなく、ふと気になったことに向き合ったときに数学は始まっている。知識や経験にかかわらず、私たち1人1人と数学のあいだに渡らなければならない川はない。

　もう1つとして、本書が数学に親しむためのよいカタログになることを目指した。個人的な話で恐縮だが、私は小学校高学年のころ、3歳上の兄から借りた保健体育の副読本に載っている、スポーツ競技の紹介を読むのが好きだった。見開き2ページで1競技、野球やサッカーだけでなく、数あるマイナーなスポーツのルールや競技場の大きさ、技術や戦略の簡単な説明を読んではドキドキした。のちにそのうちの1つに挑戦することになったが、この本を手に取った方にとっても本書が同じような機会になることを願っている。

　本文は全221項目、あれがあるのにこれがない、その分野は多過ぎと、項目の選択にご異論があろうことは了解している。また一部の項目は数学の範疇にないものもある。これはひとえに私の興味や馴染み具合が影響しているとご了承いただきたい。

＊

　いつかの未来、未知の宇宙人と交流することになったと

きのことを想像してみる。そのときにはきっと数が役に立つだろう。SF 映画『コンタクト』（監督：ロバート・ゼメキス）では、数学が通信の役割を担う。役に立つだけではない。そこで私たちは宇宙人と私たちの「数」の違いを知るであろう。過去と現在、それぞれの時代の数学にずれがあるのと同じだ。数とは何か。便利に使い、時々の必要に応じて発展させたものが数である。ほかに代わりがなく、あまりに身近なそれを言い換えるとすれば、数とは、私たちの営みそのものである。

▶ 本書に掲載の数学用語は、学名・俗称などから、広く認知されている呼び名を採用している。時代区分や掲載順については、起源や広がりを踏まえつつ、本書での読みやすさを重視し、大まかに並べた。

Chapter 1

先史時代

Prehistory

数字
numerical character

数を表す文字。1、2、3、4、5、6、7、8、9など。私たちがふだん使っているこれらの文字はアラビア数字と呼ばれる。ほかに漢数字（一、二、三、…）、ローマ数字（I、II、III、…）などがある。「1」「I」「一」はいずれも数1を表す。これは「ネコ」「猫」「cat」が、ニャアと鳴くあの動物を指すことと同じだ。ネコという文字とあの動物が違うように、数字と数は異なる。古代メキシコで栄えたマヤ文明では点「・」が1、棒「一」が5、これらの並びで数を表した。現代の日本人には記号、当時のマヤ人には数字。時と場合によって文字の役割が変わっている。

数字と画数

1を表す数字は、1つの点や1本の棒線のような簡単なものが多い。たしかに1が「Ж」といった画数の多い文字では書くのに時間がかかり、扱いにくい。これは日本語の助詞「は」「が」「の」や英語の冠詞「a」「the」が短いのと似ている。使いにくいものは定着せず廃れやすい。一方で、あえて画数の多い文字を使うケースもある。「壱」は大字と呼ばれる漢数字で、数1を表す。読み書きの間違いや、不正を防ぐために用いられる。壱、弐、参、肆、伍、…と続き、ほとんどの漢数字に大字がある。

数史 アラビア数字

12+34＝46 をローマ数字で表すと XII+XXXIV=XLVI。慣れもある
だろうが、ローマ数字の計算は大変そうだ。アラビア数字が普及した理由
が想像できる。

∞ link　1 /p.012,　2 /p.013,　数詞 /p.014,　0 /p.016,　バビロニア数学 /p.021,
　　　　　十進法 /p.030,

1

one

はじまりの数。最小の正の整数。$0+1=1$、$1+1=2$、$2+1=3$、
…というように、0 に 1 を繰り返し加えるとすべての正の
整数が、0 から 1 を繰り返しひくとすべての負の整数ができ
きる。これは直線上の適当な 2 つの点を「0」「1」とし、
その間隔を使って、すべての数を表す数直線をイメージす
るとわかりやすい。このように 1 は 0 とともに数の世界を
作る基礎となる。ある数に 1 をかけても、1 でわっても、
1 乗してもその数は変わらない。このように「無害な」1
は数の中でもとりわけ特別な数だ。uni は 1 を意味する英
語の接頭語で、宇宙を表す universe にも現れる。

1 に根拠はない

「1 とは何か？」と考え込むのはあまりおすすめしない。
それは 1 ダースがなぜ 12 本なのか、と思い悩むようなも
のだからだ。相手や場合によって変えなければ、基準とな
る値はなんでもよい。20 世紀半ばまで、1 m の長さはメー
トル原器という金属でできた物体の長さで決められていた
が、金属は温度などによって微妙に変化してしまうため、
現在はより変化の少ない光の波長で定められている。大昔、
西洋のある地域では、長さの 1 単位は王の腕の長さであっ
た。1 に根拠はなく、ほかの数の根拠になるだけだ。

2

two

1の次の整数。最小の素数で、唯一の偶数の素数。2倍、3倍のようにかけ算を「○倍」と表すが、単に「倍」というときは2倍を指す。それは2倍がもっとも簡単な倍数だからだ。わり算でも同様で、「2でわる」には「半分にする」という特別な表現がある。0倍は0になり、1倍しても、1でわっても数が変わらない。こう考えると「最小の多」である2の特別さが際立ってくる。外食のたくあんが2切れなのは江戸時代からの風習という。1切れだと寂しく、3切れだとお店が損といったところか。

2は最小の多

0と1、数の世界の両エースに続くのが2である。数直線では0が基準、1が単位であり、0と1の距離の分だけ同方向に延長した地点に2がある。3以降は2の作り方を繰り返せばよいので、0以上の整数は「0」「1」「2以上」の3つに分けられるといってもよい。照明のスイッチはオフとオンの2つで部屋に明かりを灯し、モールス信号は「ツー」と「トン」の2種類の信号で情報を送る。グレーなものごとは白か黒ではっきりさせる。このように「0」と「1」の2つでさまざまな表現ができる。

🔗 link　1 /p.012，0 /p.016，偶数・奇数 /p.024，倍数・約数 /p.026，
　　　　二進法 /p.031，素数 /p.074，真理値 /p.289

数詞
numeral

数を表す語。いち（一）、に（二）、さん（三）など。数詞は 1 つ、2 つなど個数を表す「基数詞」、1 番目、2 番目など順序を表す「序数詞」に分けられる。基数詞は見ればわかるが、序数詞は必ずしも見た目では判断できない。3 つのリンゴ（基数詞）と 3 番目のリンゴ（序数詞）の違いを考えるとよい。日本語では後ろにつく「〜つ」「〜個」「〜番目」などの助数詞で使い分けられるのに対し、英語では基数詞が one、two、three、序数詞が first、second、third と言葉が異なるので区別しやすい。

∞ link　数字 /p.010、単位 /p.029、序数・基数 /p.212

自然数
natural number

1から始めて、2、3、4、5、6、7、8、9、…のように1
ずつたした数。正の整数。10枚のメダル、第20回運動会、
参加者300人のように、ものの個数を数えるときに使う。
教科書では「0は自然数ではない」と書かれているが、0
を自然数に含めるとする説も根強い。自然数に、その負の
数 −1、−2、−3、…と0を合わせたものを「整数」という。
クロネッカーは「整数は神が与えた、ほかは人間が作った」
と言った。自然数全体の集まりは $\mathbb{N}$ で表される。これは自
然数を意味する英語 natural number の頭文字から。

数史 ▎ **レオポルト・クロネッカー**

19世紀のドイツの数学者。単位行列を表す「クロネッカーのデルタ」が
有名。

∞ link 1 /p.012、 0 /p.016、 正の数 /p.022、 負の数 /p.023、 実数 /p.138、
集合 /p.206

0
zero

「ないこと」を表す数。リンゴが3個はリンゴが3個「ある」ことを意味するが、リンゴが0個はリンゴが「ない」ことを示す。このことから0は、1、2、3、…などの自然数とは一線を画す。どんな数に0をたしても数は変わらず、また0をかけた場合はすべて0になる。数直線において0は原点すなわち基準であり、正負の数の境目となる。古代インドで発見・発明されたと伝えられる。古代ギリシアの哲学では「無」の存在は認められず、その流れを汲むヨーロッパでは中世まで0はあまり使われなかった。

0に価値はあるかないか

ほとんど見かけない2000円札を含め、日本の紙幣と硬貨は全部で10種類ある。小数や分数の貨幣はない。マイナスのものがあったら互いに押し付けあうだろう。ここで0円札を想像してみよう。1000円札には1000円分の価値があるように、0円札には0円分の価値がある。0円分の価値とは「価値がない」ことだ。お札はあるのに価値はない。しかも0円札を作るのにもお金がかかる。0は時に哲学的な問いを生み出す。20世紀生まれの美術家、赤瀬川原平の《大日本零円札》という作品は高額で取引された。0の不思議は増すばかりだ。

数史 **古代インドの数学**

7世紀のインドの数学者、ブラフマグプタの著作『ブラフマスプタシッダーンタ』では 0÷0＝0 とされている。

∞ link　自然数 /p.015,　加減乗除 /p.018,　数直線 /p.176,
　　　　オイラーの公式 /p.187

007 # 加減乗除
addition, subtraction, multiplication, and division

たし算、ひき算、かけ算、わり算の総称。四則演算とも。順に加法、減法、乗法、除法と呼ばれ、＋、－、×、÷の記号で表す。和、差、積、商はそれぞれの計算の値。「×」は省略、あるいは「・」に代えられることが多い。2に3をたすと5になり、5から3をひくと2に戻るように「3をたす」と「3をひく」は逆の関係にある。かけ算とわり算も同様に逆の計算だ。たし算の繰り返しはかけ算になる。加減乗除は互いに関連していて、ほかの計算への置き換えや、整理ができる場合がある。ほとんどの数同士で加減乗除ができるが、唯一できないのが「0でわる」だ。

ふつうの計算は1つではない

買い物ではたし算やひき算を繰り返す。168円の牛乳と214円のパンは合計で382円、千円札を渡せばおつりは618円。同じものをいくつも買うときはかけ算を、たくさんのものを等しく分けるときにはわり算を使う。加減乗除は日々のふつうの計算だ。海外のある地域ではおつりをひき算でなく、たし算で計算するという。日本円でいえば、500円玉で100円のパンを買うと、100円のパンに100円玉を1枚、2枚とたしていき、合計4枚の100円玉のおつりをもらう。この買い物ではひき算はいらない。

link *乗* /p.066、 そろばん /p.070、 暗算 /p.072、 行列 /p.180、 交換法則 /p.214、 結合法則 /p.215、 計算機 /p.286

九九
multiplication table

かけ算のための表。日本では 1 から 9 までの整数のかけ算 81 個を、リズムのよい語呂合わせで覚える。たとえば 6 の段なら「ろくいちがろく（6×1＝6）」「ろくにじゅうに（6×2＝12）」と暗唱する。九九を覚えることで、あらゆる整数、小数、分数のかけ算が楽にできる。インドでは 20 の段まで覚えるため、19×17 のような複雑なかけ算が瞬時にできる。英語では「九九」に相当する単語はなく、九九の表はシンプルに multiplication table（かけ算の表）と呼ばれる。

九九だけ覚える理由

なぜ、かけ算だけ覚えればよいのだろうか？ 1 から 9 までの数同士のたし算は、実際に書いてみるとその規則性がわかり、覚えるまでもないと思う。ひき算もマイナスにならない範囲であれば十分に規則的。問題はわり算だ。7÷3 のようにわり切れないケースも多く、そのとっつきにくさはかけ算以上。これではわり算の表の普及は厳しそうだ。加減乗除、どんな計算でも丸暗記か繰り返しによる習熟かをすればよい。アメリカでは、大学入試の数学の試験に電卓の持ち込みができる。計算に対する態度は、地域や時代、テクノロジーが映り込む。

🔗 link 　加減乗除 /p.018，計算機 /p.286

バビロニア数学

Babylonian mathematics

バビロニアで発達した数学。粘土板に楔形文字(くさび)で書かれる。紀元前 3000 年ごろの粘土板が発掘されており、これが世界最古の数学の記録である。釘のような記号「▼」で 1、ひらがなの「く」のような記号「く」で 10 を表す。かけ算の数表や、$56 \div 8$ を「$56 \times \dfrac{1}{8}$」と分数で表すわり算の記録がある。1 次方程式や 2 次方程式が記された粘土板も見つかっている。一説ではピタゴラスなどが活躍したエジプトの数学にも影響を与えたという。今や数学は世界共通だが、見知らぬ土地の驚くべき数学に出会うことはもうないのだろうか。

約数の多い六十進法

バビロニアの数学では「く」が 5 つと「▼」が 9 つで 59 となり、その次はまた 1 つの「▼」になる。つまり六十進法といえる。ただし、バビロニア数学には位取りの「0」がなかったため、1 と 60 は区別が難しく、文脈で判断した。六十進法が使われたのはおそらくわり切れる数、つまり約数が多かったためであろう。60 の約数は 12 個あり、100 までの整数のうちで最多。約数が多いと、等しく分ける方法も多い。60 枚の硬貨は 2、3 人、あるいは 4、5、6 人でも仲良く山分けできるし、もちろん 1 人で総取りもできる。

🔗 link　数字 /p.010,　倍数・約数 /p.026,　十進法 /p.030

010 # 正の数
positive number

0 より大きい数。数直線上では 0 より右側にある。プラス
の数ともいい、それを強調するときには「+1」「+0.001」
「+$\frac{1}{10}$」と「+」を付けて表す。+ を前に付ける理由は
0+0.001 のように 0 とのたし算で考えられるため。$\frac{1}{10}$、
$\sqrt{2}$ なども正の数に含まれる。正の数同士のたし算、かけ
算、わり算は必ず正の数になる。正の数同士のひき算では、
10−100 のように正の数にならない場合がある。このよう
な計算は古代の数学においては「ばかげている」と思われ
たが、このばかげた計算こそが負の数が登場するきっかけ
となった。

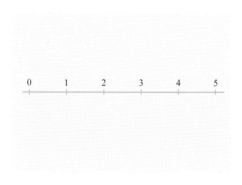

負の数
negative number

0より小さい数。数直線上では0より左側にある。マイナスの数ともいい、「−0.001」「−$\frac{1}{10}$」「−1」のように「−」を付けて表す。沖縄県那覇市は30℃、北海道札幌市は −15℃のように、正の数と負の数は0をはさんで正反対に続く2つの数を表すのに適している。貯金を +10万円、借金を −10万円と考えることにより、本来は別物であった貯金と借金が同一直線上で扱えるようになった。正の数同士ではできなかった 10−100 が計算できるようになるのは負の数のおかげだが、負の数が当たり前と思える、現代の私たちにはこの驚きは理解しにくいかもしれない。

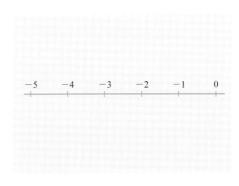

○─○ link 0 /p.016, 加減乗除 /p.018, 正の数 /p.022, 数直線 /p.176

偶数・奇数
even number・odd number

2でわり切れる整数を偶数という。2でわり切れる正の整数2、4、6、8、…だけでなく、0や負の整数−2、−4、−6、−8、…も偶数である。偶数を「2人で等しく分けて喧嘩にならない数」と考えると、0が偶数なのも納得できそうだ。反対に2でわり切れない整数を奇数という。−3、−1、1、3、5など。文字を使えば、整数 n に対して偶数は $2n$、奇数は $2n+1$ と表すことができる。英語では、偶数は even number（対等な数）、奇数は odd number（妙な数）。

かけ算は偶数になりがち？

2つの整数○と△を思い浮かべよう。○＋△＝□とすると、○×△×□は偶数か奇数か？　答えはいつでも偶数になる。○＝2、△＝3とすると□＝5。2×3×5＝30でたしかに偶数だ。こうなるのは「整数のかけ算は偶数になりがち」がポイントになる。2×4＝8（偶数 × 偶数 ＝ 偶数）、2×3＝6（偶数 × 奇数 ＝ 偶数）、3×4＝12（奇数 × 偶数 ＝ 偶数）、3×5＝15（奇数 × 奇数 ＝ 奇数）のように、全4パターンのうち、奇数×奇数以外の3パターンで偶数になる。これらによって○と△と□のうちどれか1つは必ず偶数になる。では「2つのサイコロを振って出た目の積が奇数だったらアメをあげる。偶数だったらアメをください」と言われたら？

🔗 link　2 /p.013,　自然数 /p.015,　0 /p.016

倍数・約数

multiple・divisor

ある数に整数をかけた数を、もとの数の「倍数」という。
3×2 は 6 なので、6 は 3 の倍数。同じ要領で 3（3×1）、
9（3×3）も 3 の倍数。また、ある整数をわり切る整数を、
もとの数の「約数」という。たとえば 18 をわり切る整数
は 1、2、3、6、9、18 で、これらが 18 の約数となる。さ
らに、2 つ以上の整数に共通する倍数、約数をそれぞれ
「公倍数」「公約数」という。12 と 18 の公倍数は 36（12
の 3 倍、18 の 2 倍）、72（12 の 6 倍、18 の 4 倍）、…と
続き、最小公倍数は 36。12 と 18 の公約数はどちらもわ
り切る 1、2、3、6 で、最大公約数は 6。

2 人の公倍数と公約数

たとえるならば、公倍数はすれ違いがちな 2 人が出会うタ
イミング、公約数は 2 人の共通点を解き明かすヒントみた
いなものだ。それぞれ 10 日に 1 回、15 日に 1 回しか公園
に訪れない 2 人が出会うのは、10 と 15 の公倍数である
30 日に 1 回のみ。次にいつ会えるかを知りたいとき、10
と 15 の公約数 1 と 5、なかでも最大公約数の 5 で考える
のが有効だ。出会うタイミングの 30 は必ず 5 の倍数にな
る。次にいつ会えるかは共通点をもとに考えればよい。と
いうのは少し感傷的すぎるかもしれない。

🔗 link　加減乗除 /p.018、弧度法 /p.188、モジュラー計算 /p.197

数列

sequence

数の並び。2, 5, 8, 11, 14, 17, 20 のように「2 から始めて 3 ずつたしていく」という規則的な並びだけでなく、でたらめな数の並びも数列と呼ぶ。数の並びに終わりがあるものを「有限数列」、無限に続くものを「無限数列」という。冒頭の数列の和は 77 となるが、これは 20, 17, 14, 11, 8, 5, 2 のように順序を逆にした数列ともとの数列のそれぞれの数をたすと、どれも 22 になることを利用すれば手早く計算できる。ある月のカレンダーを見ると、横の数の並びは「1 ずつたす」数列、縦の数の並びは「7 ずつたす」数列になっている。では斜め右に下がる数列は？

Sun	Mon	Tue	Wed	Thu	Fri	Sat
			1	2	3	4	5
6	7	8	9	10	11	12
13	14	15	16	17	18	19
20	21	22	23	24	25	26
27	28	29	30	31		

🔗 link　フィボナッチ数列 /p.130,　極限 /p.165,　無限級数 /p.226,　振動 /p.230,
　　　収束・発散 /p.232

単位
unit

基準となる量や数。長さはメートル「m」、重さはキログラム「kg」、時間は秒「s」が世界的な標準。これらの組み合わせで速さ「m/s」、力「kg m/s²」などの単位が定まる。ほかにも「ヤード」（約 0.91m）、「貫」（きっちり 3.75kg）など、さまざまな単位がある。ジェット機の速さの単位「マッハ」（時速約 1225km）は音の速さが基準。よって、こちらに向かってくる 2 マッハのジェット機の爆音は、ジェット機より遅れてやってくる。実数の世界では「1」が単位、虚数の単位は「i」である。ベクトル、行列にも単位ベクトル、単位行列があり、数の 1 と同様のはたらきをする。

🔗 link　1 /p.012,　ベクトル /p.178,　行列 /p.180,　虚数 /p.182

十進法

decimal system

0 から 9 までの 10 個の数字を使った数の表し方。0、1、
2、3、4、5、6、7、8、9 と続き、9 の次は「10」と表す。この
ように、2 桁目に「1」、1 桁目に「0」を書く方法を「繰り
上がり」という。十進法では、0 から 9 までは 1 つの数字
で 1 桁、10 から 99 までは 2 つの数字で 2 桁、100 から
999 までは 3 つの数字で 3 桁の数を表す。アラビア数字は
10 個の数字を使うのに対して、漢数字では零、一、二、
三、…、九、十の 11 個の数字を使い、十一で繰り上がる。
ここだけ見れば漢数字による表現は十一進法のようだ。両
手の指の数が十進法の起源といわれている。

N 進法

n 種類の文字を使った記数法。簡単には N 進法、厳密には
「位取り記数法」という。時間の表し方は六十進法。なぜな
らば 59 秒の次は 1 分 00 秒となり、60 で 1 桁増えるから
だ。フランス語では 81 を「4 つの 20 と 1」と表すが、これ
は二十進法的な表現といえる。コンピュータでは 0 〜 9 に
A 〜 F のアルファベットを加えた計 16 文字を使う十六進
法が使われている。異なる N 進法であっても相互に変換で
きる。たとえば十進法の「123」は、二進法で「1111011」、
16 進法で「7B」に置き換えられる。

link　数字 /p.010、加減乗除 /p.019、バビロニア数学 /p.021、二進法 /p.031

二進法
binary system

「0」と「1」の2つの数字を使った数の表し方。0、1、2、3、4、5は、順に0、1、10、11、100、101と表される。1の次が10、11の次が100になるのは、十進法で9の次が10、99の次が100になるのと同じ繰り上がりによる。二進法では1+1=10、111+11=1010になる。電流が「流れない」と「流れる」をそれぞれ0と1に置きかえることによって、電気回路を数で表現できるため、二進法は現在のコンピュータの基礎となっている。白を0、黒を1とすれば白黒のドット絵は二進法の数と同じだ。

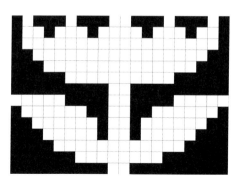

点
point

大きさや向きをもたず、位置だけをもつ図形。長さ0の線分、半径0の円をイメージするとよい。数直線上の点Pが数2の位置にあるとき、点の位置を「P(2)」と表す。平面における点の位置はP(3, 4)、空間においてはP(5, 6, 7)のような数の組で表される。点の移動で線ができ、線の移動で面ができ、面の移動で立体ができると考えると図形の感覚が養われる。点描と呼ばれる絵画の技法は、ごく短い筆のタッチである点の集まりで表現する。数学では面積0の点をいくら集めても0だが、絵画では点の集まりによって人物や風景が浮かび上がる。

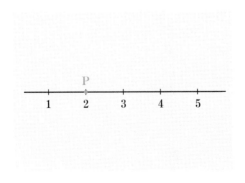

🔗 link　0 /p.016,　平面 /p.036,　空間 /p.037,　面積 /p.038,
ユークリッド幾何学 /p.100,　数直線 /p.176

直線
straight line

2 つの点を最短距離でつなぎ、そのまま両方向に限りなくのばした線。曲線の 1 種で、まっすぐなものが直線だ。点が大きさをもたない図形であるのに対して、線は幅をもたず長さだけをもつ。2 つの直線が交わる部分は点になる。これはどの方向から見ても幅がない点の性質と合う。表面がなめらかなビー玉を平らな床の上で滑らせるとき、その軌道が描く図形は直線になる。これを等速直線運動といい、動きや力を扱う物理学の最初の一歩である。磁石を直線状に並べた装置で動かすリニアモーターカーのリニアは「直線の」を意味する。

線分

直線を 2 点で区切ったその内側の部分を「線分」、1 点でのみ区切ったものを「半直線」という。線分の長さは 2 つの点の最短距離となる。たとえば点 A、B が数直線上の 7 と 10 の位置にあるとき、線分 AB の長さは 10−7 で 3 になる。私たちがふだん直線として見るものは、実は線分だ。結晶や隆起した地層などを例外として、自然界では直線状の図形はあまり見られないが、ビルなどの人工物には頻繁に現れる。曲線と比べて直線や線分のほうが単純で扱いやすいからだろう。

⊂◯ link　点 /p.052、　ユークリッド幾何学 /p.100、　比例 /p.140、
1 次関数 /p.147、　曲線 /p.216、　次元 /p.224、　線型代数 /p.272

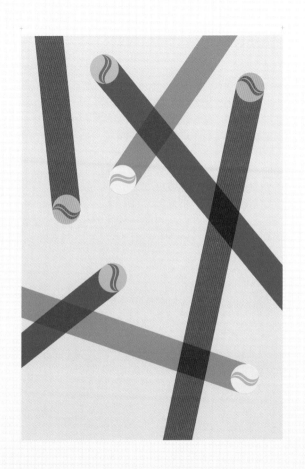

平面
plane

縦と横の2方向に広がる、たいらな面。平面が2つの方向
に広がるのと比較すれば、幅をもたず長さだけをもつ直線
は1方向のみに続く。正三角形や円は平面上の図形。線分
が距離という数で表されるように、平面の図形は面積とい
う数をもつ。平面は英語で plane、飛行機（plane）とは
同語であるが、平野（plain）とは同音だがスペルが違う
ので注意。小麦粉を練ってのばして生地を作り、製麺機で
パスタにするとき、1粒の粉、1本の麺、1枚の生地でそ
れぞれ点、直線、平面がイメージできるだろう。点が直線
の一部、直線が平面の一部であるのはキッチンでもわかる。

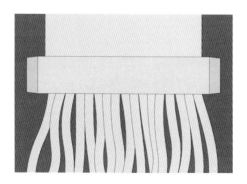

空間
space

縦横に広がる平面に、高さを加えた3方向に続く広がり。
3方向を考えるので3次元空間とも。正三角形、長方形、
円に対応する空間図形は、正四面体、直方体、球の3種類。
地上で水をこぼすと床に平面状に広がり、宇宙ステーショ
ンでは球状のかたまりとなって宙に浮かぶ。実のところ、
数学で「空間」という場合には1次元や2次元を含む n 次
元の場のことも指す。英語では space（スペース）。たしか
に3次元のスペースは「宇宙空間」だが、キーボードのスペー
スキーは1列に並んだ文字列に余白を挿入し、2次元で
展開されるサッカーでスペースといえば攻防のポイント。

🔗 link　平面 /p.036，　多面体 /p.058，　次元 /p.224，　ヒルベルト空間 /p.270，
　　　ベクトル空間 /p.273

面積
area

形の広さを表す数。面積は農地などの土地の価値を表す数と考えるのがよい。正方形のように同じ形であれば、1辺が長くなるほどその農地の面積は増え、収穫量も増える。縦の辺の長さが同じ長方形では、横の辺の長さが2倍になれば、面積も2倍になり、収穫量も2倍になる。つまり横の辺の長さが収穫量の決め手となる。縦の辺の長さを変えても同様、よって四角形の収穫量は「縦 × 横」で測ることができる。もし面積が「縦 ＋ 横」だとしたら、同じ縦のまま横を2倍にしても収穫量は2倍にならないことを例で確かめよう。さらに「縦 − 横」「縦 ÷ 横」だったらどうなるか。

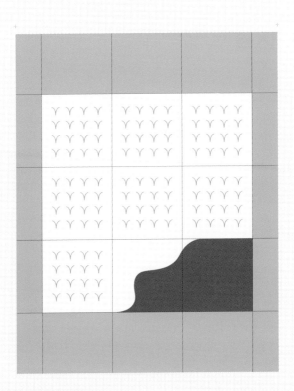

体積
volume

物体の大きさを表す数。体積は箱の数でイメージするとよい。箱の上に同じ形の箱をもう1個積むと合計の体積は2箱分、つまりもとの箱の2倍になる。このとき高さも2倍になるので、体積と高さは同じ倍率で増える。よって柱体の体積は「底面積 × 高さ」が妥当となる。これは、柱体が底面を高さの分だけ垂直にスライドさせた図形と考えても納得しやすい。一方、底面がスライドするにつれて小さくなる、すい体の体積は「底面積 × 高さ × $\frac{1}{3}$」。底面積と高さが同じ柱体と比べれば $\frac{1}{3}$ の体積しかない。ビールジョッキとカクテルグラス、さてどちらで飲もうか？

すい体の体積の「$\frac{1}{3}$」を考える

「1辺が10の立方体」と「底面が1辺10の正方形で、高さが10の四角すい」を、1辺が1の立方体で埋めよう。立方体では縦$10×$横$10×$高さ10で1000個の立方体が必要だ。四角すいは1段上がるごとに底面が縦横1ずつ小さくなり、頂上では1つの立方体になる。その合計は385個。比は $\frac{385}{1000}=0.385$ で、$\frac{1}{3}=0.333\cdots$ とだいたい同じ。少し多いのは、積み上げた四角すいの輪郭線がギザギザだからだ。立方体や四角すいの底面の1辺や高さを100、1000と大きくすれば輪郭はなめらかになり、その比は0.333…に近づく。

🔗 link　倍数・約数 /p.026,　濃度・密度 /p.042,
多面体 /p.058

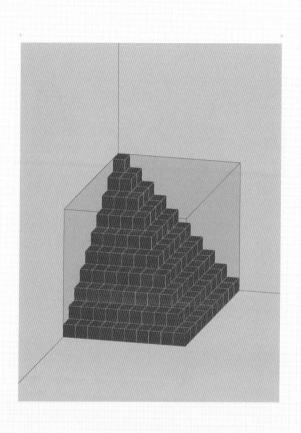

濃度・密度
concentration・density

液体などに溶けているものの割合を濃度という。塩 10g を水に溶かした食塩水 200g の濃度は 10÷200＝0.05 で 5％となる。一定の面積や体積の中にどれだけの量があるかを示す値を密度という。10m×10m の部屋に 30 人いた場合、人の密度は $\frac{30}{10 \times 10} = 0.3$ 人 /m^2。濃度と密度はどちらも「濃密さ」を表す。味の濃いスープは塩分の濃度が高く、人口密度が高い都会は田舎に比べてちょっと息苦しい。集合論では、一定区間における数の多さを濃度といい、たとえば「正の実数は正の整数より濃度が大きい」と表す。

link　体積 /p.040，連続体仮説 /p.211，対角線論法 /p.302

三角形
triangle

一直線上にない3点を線分で結んだ図形。特別なものに2辺の長さが等しい「二等辺三角形」、3辺の長さが等しい「正三角形」、1つの角が90°の「直角三角形」がある。四角形、五角形などとあわせて多角形といわれるが、一角形や二角形は存在しないため、三角形は頂点の数が最少の多角形となる。四角形は2つの三角形に分割でき、これと同様に n 角形は n−2 個の三角形に分けられる。図のように、1つの辺の長さと、向かい合う頂点の角の大きさを変えずに三角形を変形させると、その頂点は円を描く。多角形や円を生み出す、三角形は基礎的な図形である。

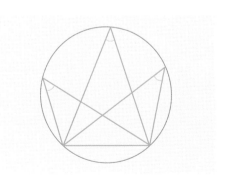

三角形の5つの心

三角形の頂点を通り、面積を2等分する線分を中線という。頂点が3つの三角形には中線が3本あり、これらは必ず1点で交わる。その点を「三角形の重心」という。3本の中線で三角形は6つの小さい三角形に分けられ、それらの面積はすべて等しい。丸いおぼんを指1本で支えるときは、円の中心を支えると安定するが、三角形の場合は重心で支えると釣り合う。三角形には、ほかに外心、内心、垂心、傍心があり、まとめて「三角形の五心」と呼ばれる。三角形の五心は個々の三角形の特徴を表す、身長や体重みたいなもの。

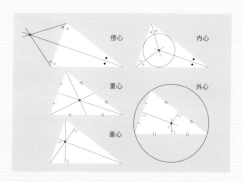

⃝ link 三平方の定理 /p.048, 角 /p.050, 円 /p.054, 比 /p.076
ユークリッド幾何学 /p.100, 三角比 /p.120

三平方の定理
Pythagorean theorem

直角三角形の 3 辺の長さに関する定理。その内容は「斜辺の 2 乗は、残りの 2 辺をそれぞれ 2 乗した数の和に等しい」。もっとも有名な組み合わせは 3 と 4 と 5 で、3^2+4^2 と 5^2 はどちらも 25 で等しい。次に有名な整数の組は 5 と 12 と 13。3 辺の長さを x、y、z で表せば $x^2+y^2=z^2$ となる。古代ギリシアの数学者の名にちなんで「ピタゴラスの定理」とも呼ばれるが、ピタゴラスが発見したかははっきりしていない。テレビの大きさを表す単位インチは画面の対角線の長さであり、縦横の長さと三平方の定理で求められる。

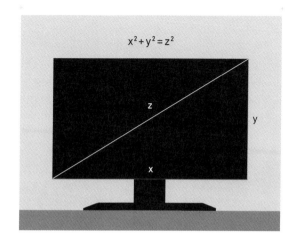

$$x^2 + y^2 = z^2$$

z

y

x

数史 ピタゴラス

紀元前 6 世紀ごろ、古代ギリシアで活躍した数学者・哲学者。和音や音階の研究など多くの成果がある。教団「ピタゴラス派」は秘密主義であった。

ピタゴラス数

Pythagorean number

$x^2 + y^2 = z^2$ を満たす 3 つの自然数の組 (x, y, z) をピタゴラス数という。3 辺の長さがピタゴラス数の三角形は直角三角形になるというのが「三平方の定理」だ。よく知られている $(3, 4, 5)$、$(5, 12, 13)$ の組のほか、$(3, 4, 5)$ をそれぞれ 2 倍した $(6, 8, 10)$ など、等倍したものもピタゴラス数となる。よってピタゴラス数は無限にあるが、実のところ等倍する前の「原始ピタゴラス数」も無限に存在する。ひもに等間隔に結び目を作り、3 辺の長さが 3：4：5 となるように三角形を形作ると、1 本のひもから直角が現れる。

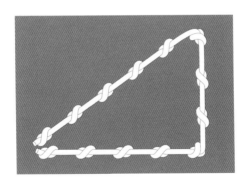

ピタゴラス数の4つの性質

原始ピタゴラス数となる3つの数を小さい順に〇、△、□としよう。この〇、△、□は以下の性質をもつ。これらは $(3, 4, 5)$、$(5, 12, 13)$、$(7, 24, 25)$、$(8, 15, 17)$、$(9, 40, 41)$、…と無限にあるすべての原始ピタゴラス数の組で成立する。証明はちょっと難しいが、たとえば (ii) は「どんな整数の2乗でも3でわったときの余りは0か1」であることを利用する。挑戦の価値はある。

〇と△のうち、
(i) 1つは偶数（2の倍数）、もう1つは奇数
(ii) どちらかは3の倍数
(iii) どちらかは4の倍数

〇と△と□のうち、
(iv) どれか1つは5の倍数

🔗 link　偶数・奇数 /p.024,　三平方の定理 /p.046

角
angle

1点からのびる2本の半直線が作る図形。角の大きさを角
度という。2本の半直線が垂直に交わるとき、その角度は
90°となり、これを「直角」と呼ぶ。2本の半直線がさら
に開いて1本の直線になるとき、その角度は180°となり、
直角が2つ意味して「二直角」と呼ばれる。直角より小
さい角を「鋭角」、直角より大きく二直角より小さい角を
「鈍角」という。水平線や船からまっすぐに立ち上る煙は
水平や垂直と単純だが、ものを遠くまで投げるのに最適な
角度は理屈の上では45°、東京の夜空に見える北極星の位
置は水平から約35°と、自然は単純な角度ばかりではない。

三角形の角はやっかい

三角形の角は、辺や面積に比べるとややとっつきにくい。
高さが同じ2つの三角形は、底辺の長さが2倍になれば面
積は2倍になるが、底辺に向かい合う角の大きさが2倍に
なっても面積は2倍にならない。また、角度がすっきりし
た整数の値となる三角形は少ない。たとえば3辺が3、4、
5の直角三角形のもっとも小さい角の大きさは約36.9°で
ある。辺の比と角度がともに単純な三角形は、正三角形、
直角二等辺三角形、角の大きさが30°、60°、90°の直角三
角形の3つのみ。

link 直線 /p.034, ユークリッド幾何学 /p.100, 放物線 /p.152,
弧度法 /p.188, ヒルベルト空間 /p.270

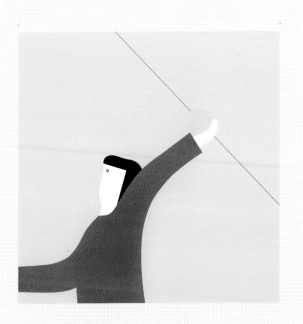

四角形

quadrilateral

4つの線分で囲まれた図形。頂点、辺、内角を4つずつも
つ。四角形というと内角がすべて180°より小さい凸四角
形を思い浮かべがちだが、凹四角形もある。角の大きさが
ばらばらな四角形は同じ向きですき間なしに積むことがで
きない。1組の対辺が平行の台形は積めるがすき間が生じ
る。2組の対辺が平行の平行四辺形は、すき間なく積んで
も両端にギザギザが残る。ここで平行四辺形の角の大きさ
を90°、すなわち長方形にするとギザギザも消え、すっき
りする。さらに長方形の辺の長さを揃えた正方形ならば、
縦横の向きにも気遣いが不要。正方形は四角形の王様だ。

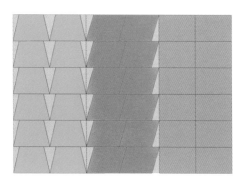

🔗 **link** 三角形 /p 044, 角 /p 050, 多角形 /p 053, 平行 /p 102,
台形公式 /p 162

多角形
polygon

3つ以上の線分で囲まれた図形。すべての角の大きさが等しい多角形を正多角形という。最少の辺をもつ正多角形は正三角形で、辺の数が増えるごとに正多角形は丸みを帯び、行きつく先の「正無限角形」は円といってもよい。北アイルランドの海岸には四〜八角柱が連なるジャイアンツ・コーズウェーがある。「巨人の石道」と訳されるこの石柱群は、自然が作り出した多角形の造形である。サッカーのパス回しの基本は三角形だが、時に四角形、五角形と形を変えながらゴールに迫る様子は、生きている多角形のようにダイナミックだ。

円

circle

平面上のある1点から等しい距離にある点の集まり。もとの1点を円の中心、中心を通って円周上の2点を結ぶ線分を直径、円の中心と円周上の点を結ぶ線分を半径という。円周の長さは2×半径×3.14…、円の面積は半径×半径×3.14…で求められる。この3.14…は「円周率」と呼ばれる。円はころころと転がる車輪に使われる。これは円が、中心からの距離が一定となる唯一の図形だからだ。またマンホールのふたにも円が利用される。その理由は、マンホールのふたが、たとえば正方形だったら穴に落ちてしまい危ないため。

円は別格

三角形や四角形などの頂点は、辺上にあるその他の名もなき点よりも特別感がある。三角形や四角形に対して円は、円上のすべての点が対等であり、特別な点はない。「角が立つ」と「丸く収める」の2つの表現は言い得て妙だ。丸や円は円滑な人付き合いにつながる。和やかな会食には円卓がふさわしい。円の旧字は圓で、その意味は人を囲った「牢屋」を表す。京都の円町にはかつて囚人を収容する獄舎があった。哲学者・アリストテレスは著書『天体論』で円を「最初」「完全」と言った。

🔗link　三角形 /p.044,　円周率 /p.056,　だ円 /p.150,　円すい曲線 /p.154,
　　　　デカルト幾何学 /p.174

円周率
circular constant

円の直径に対する円周の長さの割合。円の直径が1のとき、円周の長さは3.14159…になる。この無限に続く小数を円周率といい、ギリシア文字πで表す。定義より円周の長さは2×π×半径となるが、円の面積がπ×半径の2乗、球の体積は$\frac{4}{3}$×π×半径の3乗となるのは円周率の不思議。計算すると3.14285…になる$\frac{22}{7}$は、円周率に近い分数である。円周率3.14159…は、たとえば$\frac{8}{33}=0.242424\cdots$のように同じパターンを繰り返さない。それゆえ、暗記力やコンピュータの処理能力の競争に使われる。コンピュータにより求められた円周率の値は小数点以下20兆を超える。

数史 **円周率の計算式**

円周率を正確に求める計算式はたくさんある。なかでも20世紀初頭、インド出身のラマヌジャンによる

$$\frac{1}{\pi}=\frac{2\sqrt{2}}{99^2}=\sum_{n=0}^{\infty}\frac{(26390n+1103)\cdot(4n)!}{(4^n 99^n \cdot n!)^4}$$

は、彼の波乱の人生とともに並外れている。

🔗 link 円 /p.054, 有限小数・循環小数 /p.137, 有理数・無理数 /p.139, オイラーの公式 /p.187, コンピュータ /p.287

多面体
polyhedron

複数の平面で囲まれる立体。6つの面で六面体、8つの面で八面体という。辺の数がもっとも少ない多角形は三角形、面の数がもっとも少ない多面体は四面体。これは2本の辺では平面を、3つの面では空間を切り取ることができないため。すべての面が同じ形・大きさで、1つの頂点に接する面の数が等しい多面体を「正多面体」という。正多面体は4、6、8、12、20の5種類のみで、立方体はその1つ、正六面体にあたる。このページから目を離し、視線を上げて見えるすべてが立体図形、そのうち曲面を含まないものはすべて多面体だ。さて、いくつ見つけられるか。

多面体いろいろ

昭和の学校給食で三角牛乳と呼ばれて親しまれた牛乳パックは、4面すべてが正三角形の正四面体。正方形と4つの三角形でできるピラミッドは五面体。立方体のサイコロ、直方体のチョコレートの箱は六面体。将棋の駒、一眼レフに使われているペンタプリズムは五角柱の七面体。神社で見かける、みくじ筒は六角柱の八面体。0から9までの数字が2つずつ書かれた乱数さいは正二十面体のサイコロ。1回振れば0から9、2回振れば0から99の数を作ることができる。よく転がるのでドキドキもアップ。

🔗 link　空間 /p.037、多角形 /p.053、確率 /p.243、乱数 /p.294

#1 数学の苦手なこと

「数学なんかで私の気持ちなんて測れるはずがない」「今回の決算、数字の上ではそうだけど、なんだかわり切れないな」。こうした発言はどこかで耳にするだけでなく、私自身も時々そうつぶやく。感情や人々の動きはまれに数で扱えることを凌駕する。その通りだと思う。

数学の苦手なことの1つが、情緒の記述だといわれるときがある。文学が扱う領域と言い換えてもよい。経済学などの分野で、社会のことが日に日に数学で表せるようになっているが、文学や哲学が最後の砦。この牙城は崩されない。そう考えている人が多そうだし、正しいと思う。ただし「ある意味では」正しい、と付け加えたい。

数学はその時々に前提や仮定をもつ。$x^2 = 3$はxが整数とすれば解なし、実数とすれば$\pm\sqrt{3}$が解となる。数学には「どの範囲で考えているか」のような前提が必ずある。前提が明示されていないときは省略されているだけ。前提なしで考えること、これが数学の苦手なことである。

$\sqrt{3}$が解だといっても実感がわかず、$\sqrt{3} = 1.7320508$と小数で表せば、別の問題が浮かび上がる。この$\sqrt{3}$は無理数であり、小数点以下も無限に続く。ゆえに$\sqrt{3} = 1.7320508$は厳密には正しくない。どこかで打ち切るのもまた前提である。$\sqrt{3}$を1.7320508とするか、面倒なので1.7、もっと大胆に2とするか。定規で測ったような数にするためにはどこかでエイッとやるしかない。長さな

らまだしも、気持ちが 1.7320508 なのか 2 なのかには大き
な違いがあるようにもみえる。これも数学の苦手なことの
1 つの現れだろう。

　これらが「私の気持ち」を数で表すことの難しさに繋が
る。国語の問題「このときの○○の気持ちを答えよ」を数で
答えるのはたしかに難しそうだ。ではあるが、前提を皆で共
有し、小数点以下は何桁でもよい、さらには複数の数を使っ
てもよい、とすれば「このときの○○の気持ちは (1.73205,
3.141592, 1.6182) です」と言えるかもしれない。数学に苦
手なことはもちろんある。と同時に、それを得意にするよう
な発展の方法も数学にはある。

Chapter 2

古代

Ancient

034

平方根
square root

2乗してaになる数を「aの平方根」という。たとえば$16 = 4^2$の平方根は4。ただし$(-4)^2$も16になるため、厳密には16の平方根は4と-4。このように0より大きい数の平方根は正負の2つが存在する。0の平方根は0の1つのみ。2の正の平方根は1.414…と小数点以下が無限に続く実数。平方とは2乗を意味し、平方根は記号$\sqrt{}$で表す。冒頭の例でいえば$\sqrt{16} = 4$。$\sqrt{}$はルートと読み、英語では「植物の根」の意味もある。なるほどたしかに平方「根」であり、地上に現れる整数を見えない地中で支える数とイメージできる。

斜め横断の数学

道路の斜め横断が危ないのはなぜか。幅10mの道路を渡るとき、横断歩道の10m手前から斜めに渡ると、その移動距離は$10\sqrt{2}$m。これは$\sqrt{2} = 1.414$…を当てはめれば約14.14mの距離になる。歩く速度が同じならば車道にいる時間はちょうど$\sqrt{2}$倍となり、この分だけ危険度が増す。そう頭ではわかっていても、ついしたくなるのはなぜか。横断歩道まで10m、横断歩道を垂直に渡ってもう10m、計20mは14.14…mより長い。数式にすれば$1 < \sqrt{2} < 2$。こうした距離の比較は1と2のあいだの平方根を知って初めてわかる。

🔗 link　0 /p.016、負の数 /p.023、n乗 /p.066、n乗根 /p.067、不等式 /p.089、実数 /p.138、有理数・無理数 /p.139、虚数 /p.182

064

n 乗

exponentiation

数 a を n 回かけた数、$a \times a \times a \times \cdots \times a$ を「a の n 乗」とい
う。累乗やべき乗とも。a^n と表し、右上の数 n を「指数」
という。「次数」と呼ぶ場合もある。2^4 は $2 \times 2 \times 2 \times 2 = 16$
となる。かけ算 2×4 がたし算 $2 + 2 + 2 + 2$ であることを
考えると、たし算の繰り返しがかけ算であり、かけ算の繰
り返しが n 乗であることがわかる。ただし「$2 + 10 = 12$」
「$2 \times 10 = 20$」と比べて、n 乗は「$2^{10} = 1024$」と急激に大
きくなる。さらに 2^{20} は 1048576 であり、その先の 2^{100} は
31 桁と巨大な数になる。たし算やかけ算は日常使い、n
乗は桁違い。

n 乗根
n-th root

n 乗して a になる数を「a の n 乗根」といい、$\sqrt[n]{a}$ と表す。たとえば 2 の 3 乗は 8 のため、8 は「2 の 3 乗根」であり、$\sqrt[3]{8} = 2$ となる。累乗根やべき乗根とも。2 に 5 をたしたあとに 5 をひけば 2 に、2 に 5 をかけたあとに 5 でわれば 2 に戻る。同じように 2 の n 乗の n 乗根は 2。つまりたし算とひき算、かけ算とわり算、n 乗と n 乗根はそれぞれカップルのような関係にある。2 乗根は平方根、3 乗根は立方根ともいう。実数の範囲では負の数の 2 乗根は存在しないが、$\sqrt[3]{-8} = -2$ のように、負の数の n 乗根は考えることができる。「方」は四角を意味し、方眼紙や前方後円墳の「方」と同じ意味をもつ。

○ link   加減乗除 /p.018, 負の数 /p.023, 平方根 /p.064, n 乗 /p.066

魔方陣
magic square

縦横同数のマス目に、縦・横・対角線すべての列の和が等しくなるように並べた数の配置。3×3のマス目に1から9までの整数が入る魔方陣は右の通り。1から9までの総和は1+2+3+…+9＝45なので、1列の和は45÷3＝15になる。これをヒントに子どもから大人まで楽しく取り組むことができる。右のイラスト以外の配置もあるが、それらはすべて、この配置を左右や上下に反転、もしくは中央のマスを中心に回転させたものとなる。魔術で使うのは魔法陣や魔法円、数学が扱うのは魔方陣。明治の文豪、幸田露伴に『方陣秘説』という著作がある。

魔方陣の作り方

魔方陣は一歩一歩の理詰めで作ることできる。3×3のマスを1から9の整数で埋めるとき、魔方陣の中央のマスは必ず5になる。その理由は次の通り。中央のマスを通る縦横の2列と対角線の2列、これら4列の和はそれぞれ15となる。仮に中央のマスが6だとすると、それぞれの列における中央以外の2数の和は15－6で9になる。しかし、2つの数の和が9となる組を6以外の1から5、7から9で4組作るのは不可能だ。5以外のどの数が中央でも同様、よって中心は5と定まる。魔方陣に勘はいらない。

数史 **方陣秘説**

幸田露伴の没後に見つかった原稿用紙 30 枚程度の原稿で、魔方陣の作り方の解説と多少の思想的、歴史的な内容が述べられている。『露伴全集』第 40 巻に収録。

∞ link　加減乗除 /p.018,　連立方程式 /p.093

そろばん
abacus

計算の道具。古代中国で生まれ、日本には室町時代に伝わった。細い木の棒に通した5つの珠を1セットとし、指で珠を上下に移動させることで加減乗除の計算をおこなう。4つの一珠で0から4を、1つの五珠で5を表す。たとえば「8」ならば3＋5と考え、3つの一珠と1つの五珠を上に移動させる。1セットを1つの桁とし、それを左右に並べて2桁以上の整数や小数を表す。習熟した人の指の動きは機械のようで、頭ではなく指で計算しているように見える。さらに熟達するとそろばんがなくても指の動きだけで計算ができるという。まるで「エアそろばん」だ。

道具 はなんでもよい

要は数を何かで表せばよいのである。そろばんなら珠、指を折って数えるなら指。地面に書いた棒や文字でもよい。現代のコンピュータや電卓ならば電気信号。電気は目に見えないよと思うかもしれないが、暗算はもっと見えないものに頼っている。明治時代まで使われた計算道具に、紙や木にマス目を描いた算盤と算木のセットがある。算盤のマスの中に算木を縦におけば1、横におけば5という原理は、そろばんとよく似ている。方程式も解けて、持ち運びもできたというから、現代でいえばスマホのようなものだろう。

🔗 link　加減乗除 /p.018,　暗算 /p.072,　方程式 /p.090,
　　　　　計算機 /p.286,　コンピュータ /p.287

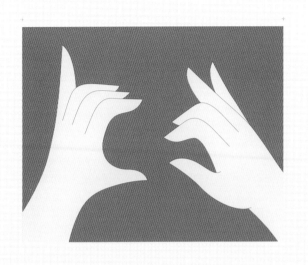

039 # 暗算
mental calculation

紙や筆記具、計算機などを使わず、頭の中でおこなう計算。
2＋3＝5、17－9＝8 など 20 ぐらいまでのたし算やひき算
が頭の中だけでできると、大きい数の暗算もできるように
なる。計算の工夫も暗算の助けになる。たとえば 97×7
では、(100－3)×7＝100×7－3×7 と考えて 700 から
21 を引いて 679 と答えを得る。このように 100 や 1000
などの切りがいい数を上手に使うのがポイントとなる。
時々とんでもない暗算ができる人がいるが、その様子を見
ると訓練だけでなく素質もあるのだなと思う。

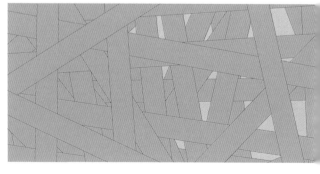

🔗 link　加減乗除 /p.018、　交換法則 /p.214、　結合法則 /p.215、　計算機 /p.286

無限
infinity

限りがないこと。∞で表す。対義語は有限。自然数 1、2、
3、4、5、…には終わりがない。これが無限の一例である。
ほかにも「0 から 1 までのすべての小数」「円周率の桁数」
「平面上にあるすべての直線」も、その数が無限個となる。
2、4、6、8、…と続く偶数は自然数の 2 つに 1 つである
ため、その数は偶数より自然数のほうが多そうだが、現代
の数学による答えは「同じ数だけある」。有限な寿命の人
間が無限をいかに扱ってきたかが、数学という営みに記録
されている。

🔗 link　微分 /p.156，積分 /p.160，極限 /p.165，無限集合 /p.209，無限級数 /p.226，
ヒルベルトのホテル /p.304，可能無限・実無限 /p.306

素数
prime number

1と自分自身以外ではわり切れない2以上の自然数。たとえば13は1と13以外ではわり切れないため素数である。素数は最小の2から始まり3、5、7、11、13、…と無限個存在する。素数でない2以上の自然数はいくつかの素数の積で表すことができ、「合成数」と呼ばれる。42は2×3×7と表せるので合成数。大きな数が素数であるかないかはすぐにはわからないため、巨大な素数を見つけることや、自然数のどこにどれぐらいの素数があるかを調べることは、数学の一分野として研究されている。現在見つかっている最大の素数の桁数は2000万桁を超える。

素数ゼミの生存戦略

セミは幼虫として何年間も地中で過ごした後、成虫として地上に現れ、数週間で命を終える。アメリカに生息する通称「素数ゼミ」は13年あるいは17年の周期で一斉に出現する。一説では、この理由は生存をおびやかす捕食者との関係によるという。もしセミの周期が合成数の18年で、捕食者の周期が3年とすると、地上に出てくるたびに遭遇し、毎世代が存続の危機だ。周期が17年ならば、顔を合わせるのは3と17の最小公倍数の51年に一度。おそらく16年や18年周期のセミは生き残れなかったのだろう。

∞ link　無限 /p.073、　素因数分解 /p.075、　整数論 /p.193、　メルセンヌ数 /p.194、　RSA暗号 /p.321、　リーマン予想 /p.325

素因数分解
prime factorization

自然数を素数の積で表すこと。たとえば 990 を素因数分解
すると $2 \times 3^2 \times 5 \times 11$ になる。素数で繰り返しわることで
素因数分解できる。990 であれば、まず 2 でわって 495。
これは 2 でわり切れないので、次に 3 でわり 165、もう一
度 3 でわり 55、最後に 5 でわり 11。11 は素数なので終了
となる。このように、商が素数になるまで素数によるわり
算を繰り返す。自然数の素因数分解による積の組み合わせ
は 1 通りしかない。990 なら $2 \times 3^2 \times 5 \times 11$ のみ。素因数
分解は自然数 1 つずつに付けられた名前のようなものだ。

🔗 link　自然数 /p.015、　素数 /p.074、　因数分解 /p.095

比
ratio

2つの数の大きさを比較する方法。「12は6の2倍」を12：6＝2：1と表す。「12は18の$\frac{2}{3}$倍」は12：18＝2：3。この「＝」を使った表現を比例式という。比例式の内側の数、外側の数をそれぞれかけると同じ数になる。先の例であれば、6×2と12×1はどちらも12、18×2と12×3はどちらも36となり、たしかに正しい。12：18を$\frac{12}{18}$のように書けば分数のようにもみえる。分数とみなして約分すると$\frac{2}{3}$となり、これはもとの比例式の2：3に対応する。つまり比例式と分数はほぼ同じ。

アメの分け方

アメの山を姉妹で分ける。「半分こ」と主張する7歳の妹に、8歳の姉は納得がいかない。姉は学校で習った比で分けることにした。姉は8個、妹は7個を同時につかむ。しかし、これを4回繰り返しても山は減らない。そこで妹の提案で80個、70個ずつ取ることにした。1回でだいぶ減ったので、今度は16個と14個ずつ、これを3回繰り返したところで残りは1個になった。手元のアメを数えるとそれぞれ160個と140個。160：140＝8：7。全部数えてから比で分ければもっと早かったけど、楽しかったからいいかと姉は思った。最後の1個は妹にあげた。

🔗 link　倍数・約数 /p.026,　黄金比 /p.078,　白銀比・青銅比 /p.080,
　　　　　三角比 /p.120,　分数 /p.134

黄金比

044 golden ratio

もっとも美しいといわれる長方形の縦と横の長さの比。その比は1：1.618…で、だいたい5：8。黄金比は名刺やコンピュータ画面など日常でも頻繁に目にする。花びらの広がる角度や巻貝の断面図など、自然界でもよく似た比が見られる。黄金比をもつ長方形を、正方形と小さい長方形に切り分けたとき、新しくできた長方形の2辺もまた黄金比となる。この性質から古代ギリシアからずっと「外中比」と呼ばれていたが、19世紀の数学書で初めて「黄金比」と名付けられた。ほかに白銀比や青銅比があり、合わせて貴金属比と呼ばれる。

黄金比

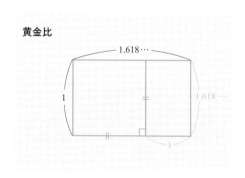

数式でみる黄金比

黄金比を小数や分数で表すと $1.618\cdots$ や $\dfrac{1+\sqrt{5}}{2}$ となり、美しいとはいいにくい。しかし、1 と一緒に考えたとき、ほかの数にはない独特の特徴が現れる。$1.618\cdots$ から 1 をひくと $0.618\cdots$、この数と 1 の比は再び黄金比、つまり $0.618\cdots : 1 = 1 : 1.618\cdots$ になる。分数で考えれば

$$\frac{-1+\sqrt{5}}{2} : 1 = 1 : \frac{1+\sqrt{5}}{2}$$

となり、分子の 1 の符号を替えると比の順番が変わる。
また、

$$1.618\cdots = 1 + \cfrac{1}{1 + \cfrac{1}{1 + \cfrac{1}{1 + \cfrac{1}{1 + \cdots}}}}$$

である。分数の分数や無限に続く分数は見慣れないが、そこを乗り切ればこの式はちょっとかっこいい。
ちなみに、

$$1 + \cfrac{1}{2 + \cfrac{1}{2 + \cfrac{1}{2 + \cfrac{1}{2 + \cdots}}}}$$

は $\sqrt{2}$ になる。

🔗 link　比 /p.076,　白銀比・青銅比 /p.080,　フィボナッチ数列 /p.130,
　　　　分数 /p.134,　小数 /p.136,

白銀比・青銅比

silver ratio · bronze ratio

$1:(1+\sqrt{2})$ の比を「白銀比」という。小数で表せば $1:2.414\cdots$ となり、およそ $5:12$ の比。正八角形の 1 辺の長さと、それに垂直で正八角形の幅にあたる線分の比は白銀比になる。無限に続く分数の分数、

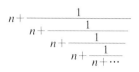

$$n+\cfrac{1}{n+\cfrac{1}{n+\cfrac{1}{n+\cfrac{1}{n+\cdots}}}}$$

において、$n=1$ とすると黄金比、$n=2$ とすると白銀比が現れる。また $n=3$ としたときの比、$1:\dfrac{3+\sqrt{13}}{2}$ は「青銅比」と呼ばれ、小数ではおよそ $1:3.303$ となり、黄金比や白銀比と比べるとだいぶ横長。$1:\sqrt{2}=1:1.414\cdots \fallingdotseq 5:7$ は第 2 白銀比と呼ばれ、B4 や A4 など紙の寸法などに使われている。

白銀比

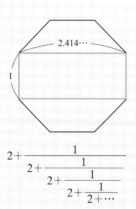

$$2 + \cfrac{1}{2 + \cfrac{1}{2 + \cfrac{1}{2 + \cfrac{1}{2 + \cdots}}}}$$

青銅比

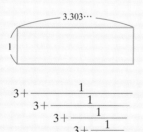

$$3 + \cfrac{1}{3 + \cfrac{1}{3 + \cfrac{1}{3 + \cfrac{1}{3 + \cdots}}}}$$

∞ link　比 /p.076,　黄金比 /p.078,　分数 /p.134,　小数 /p.136

四捨五入

細かい数を省略しておおまかな数を求める方法。4 以下の数は切り捨てて、5 以上の数は切り上げるのでこう呼ばれる。たとえば 24853 を、千の位で四捨五入すると 20000、十の位で四捨五入すると 24900 になる。四捨五入では「どの位で」という指定が不可欠で、それによって例のように結果が変わることがある。四捨五入は端数を「どうでもいい」と細かく考えないことだ。ぶどうを 10 房と数える人もいれば、粒まで数えて 200 粒とする人もいるかもしれない。どの程度どうでもいいかは人や状況による。

🔗 link　理論値 /p 244、有効数字 /p 245

階乗
factorial

自然数 n から 1 ずつひき、1 になるまでのすべての数をかけあわせた数を「n の階乗」という。$n!$ と表す。4! は $4 \times 3 \times 2 \times 1 = 24$。1! はそのまま 1 となる。ものの並び方や選び方である、順列や組み合わせの計算によく使われる。たとえば 6 種類のチョコレートを食べる順番の総数は 6!。すなわち $6 \times 5 \times 4 \times 3 \times 2 \times 1 = 720$ 通り。その中から 4 種類を選んで食べるならば $6 \times 5 \times 4 \times 3 = 360$ 通りだが、階乗で表すと $\dfrac{6!}{2!}$ となる。6! は大きな声で「ロクッ！」と叫んでいるようで、ちょっとかわいい。

🔗 link　自然数 /p.015，n 乗 /p.066，ガンマ関数 /p.240，順列 /p.282，
　　　　組み合わせ /p.283

文字式
algebraic expression

$2x+3$ や $4a^2-5b+6c$ のように x、a などの文字が入った計算式。未知の値を文字で表し、数と同列に扱うことによって、複雑な状況の見通しを立てたり、状況から逆算して未知の値を求めたりする。文字式によって数学は飛躍的な進歩を遂げた。文字式を扱うか否かが算数と数学のいちばんの違いともいえる。2 つの文字式を等号「＝」で結ぶと方程式になる。数学において「文字で表す」とは、意味や内容をいったん忘れること。意味を考え過ぎることがかえって足を引っ張るのは、数学に限らず、ふだんの生活でもありそうだ。

🔗 link　等式 /p.088，方程式 /p.090，解 /p.091，代数 /p.097

係数
coefficient

文字式において文字に付いている数。$3x^2$ならば 3。項が
複数ある多項式では「n 次の係数」という。たとえば
$3x^2+4x-5$では 2 次の係数は 3、1 次の係数は 4 となる。
この -5 は値が変化しないため定数と呼ばれるが、0 次の
係数とみることもできる。1 次関数 $y=ax+b$の 1 次の係
数 a は直線の「傾き」、0 次の係数 b は「切片」を表す。
n 次関数では、次数がもっとも大きい項の係数がその関数
のだいたいの動きやグラフの形を決める。たとえば 2 次関
数 $y=ax^2+bx+c$では、a がプラスの値なら谷型、マイ
ナスの値なら山型の曲線になる。

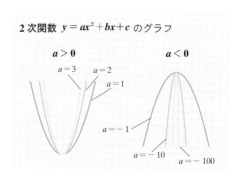

2 次関数 $y=ax^2+bx+c$ のグラフ

$a>0$　　　　　$a<0$

$a=3$　$a=2$
　　　　$a=1$

$a=-1$

$a=-10$　$a=-100$

link　文字式 /p.084,　二項定理 /p.086,　1 次関数 /p.147,　2 次関数 /p.148,
切片 /p.149,　デカルト幾何学 /p.174

二項定理
binomial thorem

$x+y$、$3a^2-4$ のように和や差で結ばれた 2 つの項の式について、その n 乗を求める定理。たとえば $(x+y)^2$ を展開すると $x^2+2xy+y^2$ となるが、二項定理を使っても展開された式の係数 1、2、1 を求めることができる。同様に二項定理から $(x+y)^3$ は $x^3+3x^2y+3xy^2+y^3$、$(x+y)^4$ は $x^4+4x^3y+6x^2y^2+4xy^3+y^4$ とわかる。この 2 つの式の係数「1、3、3、1」「1、4、6、4、1」は二項係数と呼ばれ、パスカルの三角形にも現れる。11^{1000} はふつうの計算では手に負えないが、これを $(10+1)^{1000}$ と考えて二項定理を使えばなんとかなる。

4^2+5^2 と $(4+5)^2$ はどちらが大きいか?

計算すればそれぞれ 41 と 81 になり、$(4+5)^2$ のほうが大きいとわかる。ではあるが、$x^2+y^2=(x+y)^2$ と考える人がまあまあいる。これが間違いであることは 2 乗の公式 $(x+y)^2=x^2+2xy+y^2$ を見れば納得できるだろう。$x=4$、$y=5$ とすれば、$(4+5)^2=4^2+2\times4\times5+5^2$ であり、まん中の $2\times4\times5$ の分だけ $(4+5)^2$ のほうが大きい。x と y がともにプラスの値であればいつでも $x^2+y^2<(x+y)^2$ が成立する。では 3 乗や 4 乗、100 乗では? n をどれだけ大きくしても同様に $x^n+y^n<(x+y)^n$ となることを二項定理は示す。

🔗 link n 乗 /p.066、 文字式 /p.084、 係数 /p.085、 パスカルの三角形 /p.087、
因数分解 /p.095

パスカルの三角形
Pascal's triangle

最上段に 1 を 2 つ並べ、2 段目以降は両端に 1、あいだの数は左右斜め上の 2 つの数をたして作る三角形状の数の配置。17 世紀に活躍したパスカルの名が付いているが、11 世紀の中国、12 世紀のイスラムの数学書などにも記録がある。三角形の n 段目は $(x+y)^n$ の二項係数になる。11^2 は「121」、11^3 は「1331」、11^4 は「14641」と 4 乗まではパスカルの三角形の数がそのまま各桁の数として現れる。11^5 は「161051」、パ ス カ ル の 三 角 形 の 5 段 目 は「1、5、10、10、5、1」。この 2 つにも対応があるのだがわかるだろうか。

$$
\begin{array}{ccccccc}
 & & & 1\ \ 1 & & & \\
 & & 1\ \ 2\ \ 1 & & & \\
 & & 1\ \ 3\ \ 3\ \ 1 & & \\
 & 1\ \ 4\ \ 6\ \ 4\ \ 1 & & \\
 1\ \ 5\ \ 10\ \ 10\ \ 5\ \ 1 & \\
 1\ \ 6\ \ 15\ \ 20\ \ 15\ \ 6\ \ 1 &
\end{array}
$$

数史 ブレーズ・パスカル

17 世紀、フランスの哲学者・数学者。確率や大気圧の研究、計算機の発明など多彩な成果がある。「人間は考える葦である」はパスカルの著作『パンセ』の言葉。

等式
equality

2つの数が等しいことを示す式。等号「＝」で結び、それらが同じであることを示す。1＋1＝2、$x+1＝2$、$x^2+1＝2$などはすべて等式であり。文字を含む後ろの2つは方程式でもある。「$a＝a$」「$a＝b$ ならば $b＝a$」「$a＝b$、$b＝c$ ならば $a＝c$」、これらはどれも当たり前に思えるが、「等しい」の定義によっては問題が起こる。たとえば、その差がとても小さい値 r 以下のとき2つの長さは「等しい」とすると、$a＝b$、$b＝c$ であっても a と c の差は最大で $2r$ となり、その場合には $a＝c$ とはいえない。数学は「等しい」についても考える学問だ。

不等式
inequality

「>」「<」「≧」「≦」などの不等号で数の大小関係を表す式。たとえば $x+3 < 7$ は $x+3$ が 7 より小さいことを、$x+3 \geqq 7$ は $x+3$ が 7 以上であることを表す。不等式が成立する数の範囲を「不等式の解」という。$x+3 < 7$ の解は $x < 4$ である。方程式 $x+3 = 7$ の解が $x = 4$ であることと比べると、1 次式の不等式と方程式の解き方がほぼ同じであることが想像できるだろう。2 次不等式 $x^2 \leqq 1$ の解は $-1 \leqq x \leqq 1$、この解を厳密に求めるには因数分解や 2 次関数の知識が必要になるが、0、0.5、1、1.1、-1.1 などの値を代入して推測することもできる。

◯◯ link　等式 /p.088,　方程式 /p.090,　解 /p.091,　1 次方程式 /p.092,
　　　　　2 次方程式 /p.094

方程式
equation

$2x+4 = 10$のように文字や数を含み、等号「＝」で結ばれた式。式が成立する文字の値を「解」といい、解を求めることを「解く」という。また、「＝」の左側を「左辺」、右側を「右辺」という。冒頭の例では、左辺と右辺からそれぞれ4をひき$2x=6$、さらに両辺を2でわり$x=3$。これが$2x+4 = 10$の解である。文字をふつうの数と同じように扱うことが方程式を解くポイント。方程式では不明な数をわからないと諦めず、xやyの文字で表してほかの数と同じように「知ったかぶり」する。知ったかぶりは嫌われることもあるけれど、時にはよいこともある。

◯◯ link　解 /p.091，｜次方程式 /p.092，シュレディンガー方程式 /p.267，
　　　　　ブラック・ショールズ方程式 /p.317

解
solution

文字を使った式を満たす、その文字の値。方程式 $2x+3=11$ の解 $x=4$ は $\dfrac{11-3}{2}$ の計算で求められるが、計算する前から解はあり、計算さえすればいつでも求められるというのが、解の考え方だ。2次方程式の解の公式

$$x=\frac{-b\pm\sqrt{b^2-4ac}}{2a}$$

は多くの人にとって初めて触れる複雑な式だと思う。1、3、4次方程式にも解の公式があるが、あまり見かけない。1次方程式は簡単な計算で解けること、3、4次方程式は解の公式自体がとても複雑なことがその理由だろう。5次以上の方程式には解の公式がない。

「解けない」と「解なし」

わからないことと答えがないことは違う。日常でもこの区別は大事だ。方程式や不等式においては、わからないは「解けない」、答えがないは「解なし」である。「解なし」とは「答えがないことがわかった」ということだ。$3x+4=5$ の解は $x=\dfrac{1}{3}$ だが、分数が生まれる前ならば、この方程式は解なし。分数を数として認めない人も解なしと言うだろう。おかしいと笑うかもしれない。しかし複素数を認めない人にとっては $x^2+1=0$ は解なし、複素数を認めるならば $x=\pm i$ が解となる。解のあるなしが立場によることは日々の生活と同様だ。

🔗 link　方程式 /p.090,　1次方程式 /p.092,　2次方程式 /p.094,
3次方程式 /p.096,　分数 /p.134,　微分方程式 /p.158,　複素数 /p.184

1次方程式

linear equation

最大の次数が1次の方程式。$2x+3 = 25$ など。「3歳違い
の姉妹の年齢の和が25のとき、妹は何歳か?」という問
いは1次方程式で解くことができる。妹を x 歳とすれば姉
は $(x+3)$ 歳、和が25歳なので $x+(x+3) = 25$、この左辺
を変形すると冒頭の1次方程式が現れる。これを解いて妹
の年齢が11歳とわかる。$2x+3$ の x に0、1、2、…を代
入すると3、5、7、…と2ずつ増えることから、一定の速
度で移動するときの到達距離、決まった金額、期間で貯金
するときの目標金額などは、1次方程式で扱えることが想
像できる。

連立方程式
simultaneous equations

同時に成立する2つ以上の方程式のこと。「鶴と亀が合わせて4匹いるが、足の数はぜんぶで10本」といったつるかめ算で、鶴の数をx羽、亀の数をy匹とすれば、$x+y=4$、$2x+4y=10$の連立方程式になる。x、yのような2つの文字を使う連立方程式を「2元連立方程式」という。3元、4元と文字が増えるにつれて複雑になるが、解き方は同じである。（文字の数）＞（式の数）のときは「不定方程式」と呼ばれ、解は1組に定まらない。たとえば$2x+4y=10$は「$x=3$, $y=1$」だけでなく「$x=1$, $y=2$」も解となる。知りたい数の個数の分だけ情報が必要だ。

🔗 link　方程式 /p.090,　解 /p.091,　つるかめ算 /p.131,　行列 /p.180

2 次方程式

quadratic equation

最大の次数が 2 次の方程式。$x^2 + x - 6 = 0$ が一例。$2^2 + 2 - 6 = 0$ なので $x = 2$ がこの方程式の解である。また $(-3)^2 + (-3) - 6$ も 0 なので $x = -3$ も解となる。このように 2 次方程式の解は最大で 2 つある。実際には、代入でなく因数分解で解くのが一般的。冒頭の $x^2 + x - 6 = 0$ であれば、左辺を因数分解して $(x-2)(x+3) = 0$、つまり $x-2$ と $x+3$ をかけて 0、ということはどちらかが 0 になればよいと考えて、$x = 2, -3$ の解に至る。因数分解できないときは解の公式を使う。その複雑な式は中学校の数学の大きな関門だ。

◯ link　解 /p.091，1 次方程式 /p.092，因数分解 /p.095，2 次関数 /p.148，
放物線 /p.152

因数分解
factorization

多項式を、括弧でくくった 2 つ以上の式のかけ算に変形することと。x^2+4x+3 を因数分解すると $(x+1)(x+3)$ になる。これは「かけて 3、たして 4」となる 2 つの数を探すことなので、パズルのように楽しむ人も多い。x^2+ax+b も同様に「かけて b、たして a」となる 2 つの数を探すが、見つからない場合には簡単な形での因数分解ができない。逆に $(x+1)(x+3)$ から x^2+4x+3 へと戻す操作を「展開する」という。x^2 の係数が 1 でない式の因数分解は「ななめにかける」技術が一般的で、「たすき掛け」と呼ばれる。

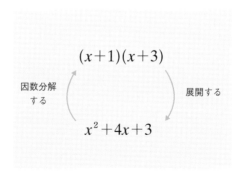

$(x+1)(x+3)$

因数分解する   展開する

x^2+4x+3

3次方程式
cubic equation

最大の次数が3次の方程式。立方体の縦の長さを1、横の
長さを2のばした直方体の体積が、もとの立方体の体積の
3倍になるとき、立方体の1辺の長さをxとすると3次方
程式$x(x+1)(x+2)=3x^3$ができる。この3次方程式を変
形した$2x^3-3x^2-2x=0$に$x=2$を代入すると
$2^4-3\times2^2-2\times2=0$となり、したがって$x=2$が解とわ
かる。$x=0$、$x=-\dfrac{1}{2}$を代入しても0、よってこれらも方
程式の解だが、「1辺の長さ」としては適さないため除外
される。2次方程式と同様に3次方程式もその解法に因数
分解や因数定理を用いる。

代数
algebra

解析、幾何とともに現代数学の主要な3分野の1つ。数の
代わりと書くように、数を文字で表すことから始まった。
「数を2倍にする箱」は1を2に、2を4に、3を6にす
る。このような例をいくつか挙げれば、多くの人はこの箱
について理解するだろう。では、好奇心旺盛な子どもに
「10は？」「10000は？」と繰り返し聞かれたらどうする
か。そのときは「この箱は◎を2×◎にする」と答えれば
よい。いちいち質問に答えるのは終わり。あとは子どもが
自分で好きなだけ数を2倍にするだけ。この「◎」が数の
代わり、代数の始まりだ。

link　文字式 /p.084，　幾何 /p.098，　関数 /p.144，　解析 /p.164，
　　　抽象代数学 /p.274

幾何
geometry

代数、解析とともに現代数学の主要な 3 分野の 1 つ。線の長さや角度、面積など図形の大きさや形を扱う。幾何学発祥の地といわれる古代エジプトで、ピラミッドの高さや川幅などの測量技術として発展した。1 つ 1 つの図形を見るのでなく、図形全体に共通する性質を考え、ルールとして整理したのが「ユークリッド幾何学」である。その後、ルールの変更や逸脱、また長さや角度など基本的な考え方の見直しが起こり、結果としてさまざまな幾何学が生まれた。「見えるもの」だけを対象としていた幾何学は、現代では「見えないもの」も扱う。

数学の主要な 3 分野

「☆」を考える。この図形の 5 つの線分を式で表して、交点などを座標で考えるのが解析。右のように各点を A 〜 E、P と名付けると、点 P は線分 AC と線分 BE の交点となる。このように文字を使って考えるのが代数。中心から見て頂点の位置が点対称であれば 5 つの頂点を通る円が描ける。このように図形を図形のままで扱うのが幾何である。今でこそ 3 分野に分かれているが、もとは「星」を知るというただそれだけだった。現代の幾何は、目の前の図形から自由になった。まだ見ぬ星がいつか見えるかもしれない。

🔗 link　円 /p.054,　代数 /p.097,　ユークリッド幾何学 /p.100,　解析 /p.164,
非ユークリッド幾何学 /p.218,　次元 /p.224

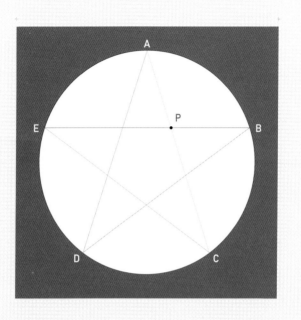

ユークリッド幾何学
Euclidean geometry

三角形や円など、図形についての幾何学。点、直線、円、直角、平行線に関する公準と呼ばれる5つのルールを定め、そこから順々に図形の性質を明らかにする。たとえば第4公準「すべての直角は等しい」のように、5つの公準はどれも当たり前と思えることを言葉で表す。ユークリッド幾何学によって、本来「見ればわかる」図形の性質が、言葉を用いて「見なくてもわかる」ようになった。紀元前3世紀ごろにユークリッドが著書『原論』でまとめた。『原論』はその完成度により、20世紀初頭ごろまで、幾何学のみならず数学のお手本となった。

図形を定義する

設計者と現場の職人で「三角形」の意味が違っていたら、その建物には不安が残るだろう。辞書によれば三角形は「一直線上にない3つの点を結ぶ線分によってできる図形」だが、慎重な人ならば「直線」「点」などの意味を求めるかもしれない。このような、幾何の最初の辞書となったのがユークリッドの『原論』である。なるほど原文の第1公準は「任意の1点からほかの1点に対して直線を引くことができる」とあり、たしかに点と直線の関係を決めている。ほかの公準も同様。こうして建物の中でゆっくり休めることになった。

ユークリッド幾何学の5つの公準
第1公準：2つの点を結ぶ線分が描ける
第2公準：線分はいくらでものばせる
第3公準：中心と半径を定めれば円が描ける
第4公準：すべての直角は等しい
第5公準：直線 *l* が通らない1点を通り、*l* に平行な直線はただ1つ

数史 **ユークリッド**

古代エジプトの学者。絵画の遠近法や、王に地道な勉強を説く「幾何学
に王道なし」はユークリッドによるといわれるが、そもそも謎の多い生涯
で定説には至っていない。

link 点 /p.032, 直線 /p.034, 三角形 /p.044, 円 /p.054, 幾何 /p.098, 平行 /p.102, 非ユークリッド幾何学 /p.218

平行
parallel

2つの直線がどこまで進んでも交わらないこと。1対の平行線と別の1本の直線が交わってできる、同位角や錯角と呼ばれる2組の角の大きさは等しくなる。合同や相似の証明の根拠になることが多い。木漏れ日のような、地球に降り注ぐ2つの光の筋は平行といってよいが、宇宙規模でみれば重力の影響で光が曲がることがあり、交わらないはずの光が交わることもある。私たちの日常的な感覚や経験と、宇宙で起こる現象には時々ずれがある。「平行線をたどる」は意見がまとまらないことを表す慣用句。そのまま英訳しても通じず、話が平行線になる恐れがあるので注意。

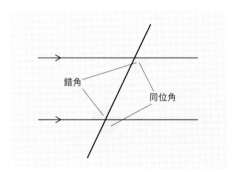

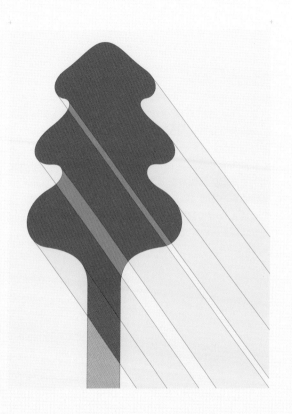

垂直
vertical

2 つの直線が直角となる位置関係にあること。故障した自動車など、重い物を真横に動かすには、物に対して垂直に力をかけるとよい。そのほうが上や下への無駄な力を使わず、省力化できる。地面と垂直でない建築は水平方向に余計な力がかかるため、ほとんどの建築物は地面に対して垂直に建てられる。14 世紀に完成したピサの斜塔は、地盤沈下を原因に建設時からすでに傾き始めたが、2001 年に倒壊対策の補修工事がおこなわれた。アラブ首長国連邦にはわざと傾けて建てたビルがある。その角度は約 18°で、ピサの斜塔の約 4°より大きい。

∞ link　直線 /p 034，角 /p 050，ユークリッド幾何学 /p 100，平行 /p 102，線分の 2 等分線 /p 108

錯角
alternate angles

2本の直線 *l*、*m* に別の1本の直線 *n* がカタカナの「キ」
のように交わるとき、直線 *l*、*m* の内側にあり、直線 *n* に
対して左右別の位置にある角を錯角という。錯角が等しい
とき、2本の直線は平行になる。2本の直線が「×」のよ
うに交わるとき、向かい合う角を対頂角という。対頂角は
いつでも等しい。対頂角の錯角を同位角といい、同位角が
等しい場合も2本の直線は平行となる。「#」のように斜
めに交差する2組の平行線に現れる同じ大きさの8つの角
はすべて錯角、対頂角、同位角の関係にある。

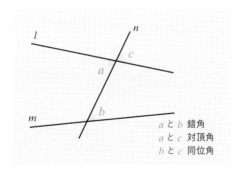

a と *b* 錯角
a と *c* 対頂角
b と *c* 同位角

🔗 link 　直線 /p.034，　角 /p.050，　平行 /p.102，　合同・相似 /p.106，
証明 /p.112

合同・相似
そう じ

congruence・similarity

2つの図形が同じ形と大きさをもつとき、それらは「合同
である」という。図形の位置や向き、表裏は問題とせず、
一方の図形を移動、回転、反転して他方の図形とぴったり
と重なれば合同である。半径が同じ円、斜辺の長さが等し
い直角二等辺三角形はそれぞれ合同になる。形のみが同じ
ときは「相似である」という。円、直角二等辺三角形は半
径や斜辺の長さにかかわらずすべて相似。すべての線分同
士も相似といえる。コピー機は倍率100%で合同、ほかの
倍率では相似の図形を印刷する。この倍率を相似比という。

相似の使い道

映写機は光を通過させることで、フィルム上の絵をスク
リーンに映す。このときフィルムの絵とスクリーンに映るシ
ーンは相似の関係にある。望遠鏡は遠くにあって小さく見
えるものを、顕微鏡は目に見えないほど小さなものを、ち
ょうどよい大きさの相似図形にして私たちに見せてくれ
る。もし映写機が合同な図形を映すとしたら、投射された
図形は小さすぎて見えないか、もし見えるのならスクリー
ンでなくフィルムそのものを見ればよい。相似に比べて合
同は実生活ではあまり使い道がないのかもしれない。

∞ link　比 /p.026、 平行 /p.102、 錯角 /p.105、
中点連結定理 /p.110、 フラクタル /p.268

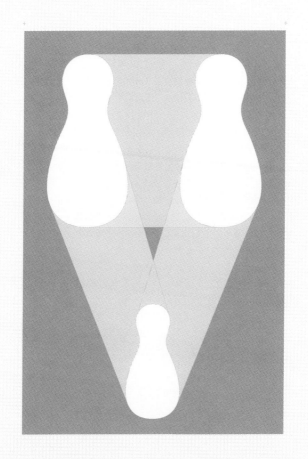

線分の2等分線

segment bisector

線分を同じ長さの2つの線分に分ける直線。とくにもとの
線分と垂直に交わるものを「垂直2等分線」という。垂直
2等分線は定規とコンパスで作図できる。たし算の「＋」、
かけ算の「×」は2本の線分が互いに2等分する関係にあ
る。十字架や「T」の横線に対する縦線は垂直2等分線に
なっている。法隆寺などの五重塔の中心にある心柱は、屋
根の1辺に対する垂直2等分線であり、これが高い耐震性
能を生み出す。垂直2等分線上の各点は、もとの線分の両
端の点から等距離にあるため、垂直2等分線に沿って上が
る打ち上げ花火は、両端の人々からみて平等である。

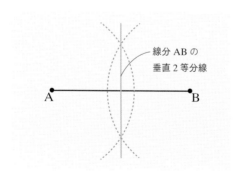

線分 AB の
垂直2等分線

A   B

🔗 link   直線 /p.034、垂直 /p.104

角の2等分線
angle bisector

1つの角を同じ大きさの2つの角に分ける直線。角の2等分線も定規とコンパスで作図可能。角の2等分線の作図の要領で、直線すなわち180°の角から、その2等分の角である90°を作ることができる。そのさらに半分の角度、そのまた半分とすれば、分度器を使わず定規とコンパスで180°、90°、45°、22.5°、11.25°、…が厳密な形で現れる。また、正三角形の作図により60°が得られるため、同様の方法で30°、15°、…も取り出せる。線分の3等分線は作図できるが、角の3等分線は作図できないことが証明されている。

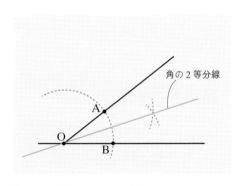

角の2等分線

🔗 link 　直線 /p.034，　三角形 /p.044，　角 /p.050，　証明 /p.112，
折り紙の数学 /p.297

中点連結定理
midpoint theorem

三角形の 2 辺の中点を結ぶ線分は、残りの 1 辺に対して平行で、その半分の長さになるという定理。2 辺の中点を結ぶ線分を 1 辺とする小さい三角形は、もとの三角形と相似になる。その小さい三角形と残りの台形の面積比は 1：3。また、3 辺の 3 つの中点を結んでできる 3 本の線分はもとの三角形を 4 つの三角形に分けるが、それらはすべて合同になる。三角すいの 1 つの頂点を共有する 3 辺の 3 つの中点を結ぶと三角形ができる。この三角形は、頂点の向かい側にある三角形に対して平行で、その $\frac{1}{4}$ の面積になる。これは中点連結定理の立体版といえるだろう。

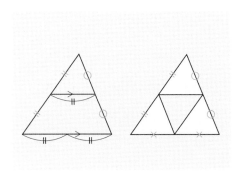

⊂∋ link　**面積** /p.038,　**三角形** /p.044,　**比** /p.076,　**平行** /p.102,
　　　　合同・相似 /p.106,　**フラクタル** /p.268

チェバの定理
Ceva's theorem

三角形の3辺の比に関する定理。「三角形の内側の1点と、三角形の3つの頂点を通る3本の直線は、3辺をそれぞれ2つの線分に分ける。それぞれの辺の2つの線分の比を、三角形を1周するように順にかけると1になる」というのがその内容である。三角形の外側から1点を選んでも同じように成立する。三角形の重心を通る3本の直線は3辺をどれも1:1に分けるため、$\frac{1}{1} \times \frac{1}{1} \times \frac{1}{1}$で1となる。チェバの定理が示す性質は数式を使わずに面積の比で考えることもでき、ちょっとしたパズルのように楽しめる。「チェバ」はイタリアの数学者の名前。

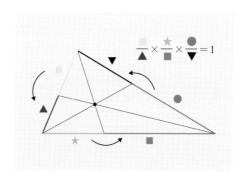

$$\frac{\blacksquare}{\blacktriangle} \times \frac{\bigstar}{\blacksquare} \times \frac{\bullet}{\blacktriangledown} = 1$$

🔗 link　直線 /p.034,　面積 /p.038,　三角形 /p.044,　比 /p.076

証明
proof

数学的なことがらが正しいことを示すための手続き。たとえば「ある数の2乗が奇数ならば、もとの数も奇数である」の正しさを示すとき、それが事実だからとか、私がそう思うからと訴えるだけでは他人に受け入れてもらえない。誰からも批判されず、すべての人に納得してもらうための手続きが証明である。証明できたことがらを「定理」といい、少しずつ定理を増やすのが数学の営み。教科書の証明問題の解答がひとこと「自明である」というのを見て、そんな！　と思うのは大学の数学あるあるだ。

少しの前提と多くの結論

証明というと顔をしかめる人が多い。計算や方程式は得意だけど証明は別、という人もいる。中学校で学ぶ図形の証明問題がこの印象につながっているのかもしれない。線分の長さや角の大きさが等しいことは見ればだいたいわかるし、定規や分度器を使えば正確に測りとれる。すぐにわかることをなぜ面倒な手続きで考えるのか。それは1つの証明が、ほかの状況についても同時に示すからだ。定規の値は目の前の図形に限ったものだが、証明で示したことは、同じ条件を満たすすべての図形で成立する。少しの前提から多くの結論を得ようとするのが数学である。

🔗 link　ユークリッド幾何学 /p.100,　三段論法 /p.113,　背理法 /p.117,
　　　　数学的帰納法 /p.118,　四色問題 /p.266

三段論法
syllogism

内容がつながっている 2 つの前提から、新しい 1 つの結論を導く方法。「ネコは動物である」と「子ネコはネコである」から「子ネコは動物である」を得るなど。文字や記号を使えば、A → B と B → C から A → C を導くことと表現できる。ここで「ネコは動物である」などが事実として正しいかは考えない。三段論法は、2 つの前提から結論が必然的に得られることを表す。アリストテレスは三段論法に似ているが正しくないものも含めた多数の推論を分類、整理した。英語では syllogism、その語源は「心の中で一緒に考える」「計算する」など。

∞ link　証明 /p.112，排中律 /p.114，集合 /p.206

排中律
law of excluded middle

あることがらは成立するかしないかのどちらかであり、両立しないことを表す論理的な法則。「ある」と「ない」のまん中を排するので排中律と呼ばれる。「この果物はリンゴであるか、リンゴでないかのどちらか」が一例。これを否定して「この果物はリンゴであり、リンゴでない」といったら笑われそうだ。ではあるが、排中律が成立しない世界も検討されている。特殊な装置の中にいれたネコの生死はふたを開けるまで不明、つまり「生きていて、かつ生きていない」状況を表す「シュレディンガーの猫」は量子力学に基づく例の1つ。毎日の生活において、「あるかないか」ならきっぱり分けられそうだが、「好きか嫌いか」の排中律は成立しないかもね。

◯ link　シュレディンガー方程式 /p 267，　真理値 /p 289，
　　　　　ファジー論理 /p 292

対偶
たい ぐう

contraposition

「○ならば△」に対して「△でないならば○でない」をもとの命題の対偶という。たとえば「イヌならば動物」の対偶は「動物でないならばイヌでない」、つまり「ならば」の前後を入れ替えてともに否定したのが対偶になる。もとの命題とその対偶は真偽が同じになる。「黒くなければ甘くない」が正しいかはわかりにくいが、その対偶「甘ければ黒い」で考えると、「甘いけど黒くない」白あんを思いつき、最初の主張が誤りだとわかる。対偶による言い換えは、その命題の真偽を確かめる上で便利だ。それでも混乱するときにはベン図を使うのもよい。

∞ link　証明 /p.112、　ベン図 /p.208、　真理値 /p.289、　NAND /p.290

背理法
proof by contradiction

「もし○○でないとすると…」から考える証明の方法。た
とえば「3 以上の素数 p は偶数ではない」という命題は
「もし p が 3 以上の偶数とすると、それは 2 でわり切れる
ので p は素数でない。よって p は偶数でない」と証明でき
るが、これは背理法による証明といえる。背理法は、正し
いことを直接証明することが難しいときに有効で、「『○○
でない』でない」といった二重否定が根本にある。二重否
定とはいわば「コインの裏の裏は表」を意味する。素数が
無限にあることや $\sqrt{2}$ が無理数であることは背理法で証明
できる。

数学的帰納法

mathematical induction

自然数の性質を証明する方法。自然数のある性質 P について(i)$n = 1$ のときに成立、(ii)$n = ○$ のときに成立と仮定すると $n = ○ + 1$ でも成立、の 2 つを示すことによって「すべての自然数で P が成立」と結論付ける。これは、(i)により 1 で成立、(ii)において ○ = 1 とすれば、$1 + 1$で 2 のときも成立し、以降はドミノ倒しのように 3、4、5、…とすべての自然数で成立するという考えによる。数学的帰納法によれば、「食べた翌日も必ず食べてしまっチョコ」は一度食べると毎日食べ続けることになる。

🔗 link　自然数 /p.015,　証明 /p.112,　三段論法 /p.113,　全称命題 /p.119,
　　　ペアノの公理 /p.213

全称命題
universal proposition

主語に「すべての」がついた主張。「すべての4の倍数は偶数」など。一方「ある偶数は4の倍数」のように「ある」で始まる主張を存在命題または特称命題という。一般に命題は正しくても正しくなくても命題である。たとえば「すべての偶数は4の倍数」は正しくない全称命題の1つ。「すべて」を表す∀は All の頭文字 A を、「ある」を表す記号∃は Exist の E をそれぞれ逆さにした記号。この記号を使って冒頭の例を表すと「$\forall n \in \mathbb{N}$に対して$\exists m \in \mathbb{N}$で$n = 4m$であれば、$\exists l \in \mathbb{N}$で$n = 2l$」となる。

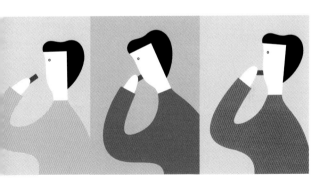

🔗 link 倍数・約数 /p.026, 証明 /p.112

三角比
trigonometric ratio

直角三角形の辺の長さに関する比。直角三角形の「たて：
ななめ」「よこ：ななめ」「たて：よこ」の比をそれぞれ
$\sin\theta$、$\cos\theta$、$\tan\theta$ と表す。sin、cos、tan はサイン、
コサイン、タンジェントと読む。θ はシータと読むギリシ
ア文字で、図の直角三角形の左下の角度を表す。θ が決ま
ると直角三角形の形が決まり、したがって三角比も定まる。
「$\sin 30° = \dfrac{1}{2}$」は、左下が $30°$ の直角三角形の「たて：な
なめ」の比が $1:2$ であることを示す。奥行きが 23cm、
高さが 21cm の階段の傾斜角度を θ とすると $\tan\theta = \dfrac{21}{23}$。
これを満たす θ は約 42.4° である。

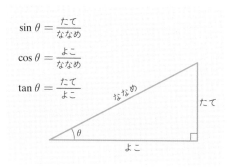

$$\sin\theta = \frac{\text{たて}}{\text{ななめ}}$$

$$\cos\theta = \frac{\text{よこ}}{\text{ななめ}}$$

$$\tan\theta = \frac{\text{たて}}{\text{よこ}}$$

三角比に親しむコツ

三角比に親しむためのコツは2つある。

コツ1

$\sin$ と θ を分けずに「$\sin\theta$」で1つの数ということを忘れないこと。$\cos\theta$ や $\tan\theta$ も同様である。1つの数ということは、x など1つの文字で表せる。

コツ2

直角三角形の「ななめ」を1にすること。$\cos\theta = \dfrac{1}{3}$ は「よこ：ななめ」が $1:3$ 意味するが、「ななめ」を1にすれば「よこ」は $\dfrac{1}{3}$。つまり $\cos\theta$ は「よこ」の長さそのものを表す。

三角比の重要な性質 $(\cos\theta)^2 + (\sin\theta)^2 = 1$ は、見た目こそいかついが、「よこ」「たて」「ななめ」の長さが順に $\cos\theta$、$\sin\theta$、1の直角三角形を描くと、三平方の定理にほかならないことがわかる。

∞ link　三角形 /p.044,　三平方の定理 /p.046,　比 /p.076,　三角関数 /p.122,
正弦定理・余弦定理 /p.128

三角関数
trigonometric function

角度から辺の比を求める三角比を関数とみるとき、三角比は「三角関数」と呼ばれる。直角三角形の「ななめ」を1とすると、$\sin\theta$と$\cos\theta$は比でなく「たて」や「よこ」の長さそのものを表す。「ななめ」が1の直角三角形において、図のように左下の角θの大きさを変えると、右上の頂点は半径1の円を描く。たとえば$0° \to 30° \to 90° \to 150° \to 180°$と変化すると、「たて」の長さである$\sin\theta$は$0 \to \frac{1}{2} \to 1 \to \frac{1}{2} \to 0$というように上がって下がる。$180°$からは下がって上がり、$360°$からは同じ動きを繰り返す。こうして三角関数、とくに$\sin\theta$と$\cos\theta$といえば波となる。

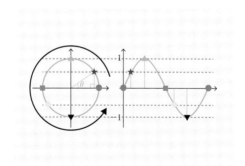

ノイズキャンセルのしくみ

$\sin\theta$ や $\cos\theta$ のグラフを描けば「波」が現れる。波はたし算ができる。左右からやってくる2つの波がぶつかるとき、波の高い部分の重なりはさらに高くなり、波の低い部分と高い部分が重なると0、波がないのと同じだ。高低がきっちり真逆な2つの波が重なると波がまったくない状態になる。これを応用したのがノイズキャンセルだ。周囲の雑音の波をヘッドホンがキャッチし、それと真逆の波をヘッドホン自体で生成し、無音を作る。そのうえで、音楽の波だけを聴く。没頭のひとときは、三角関数の恩恵による。

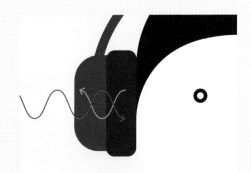

🔗 link　三角比 /p.120，関数 /p.144，ド・モアブルの定理 /p.186，オイラーの公式 /p.187

#2 作図の意義

　自由に絵を描くのは楽しい。初めて紙とペンを手にした子どもがペンの握り方もそこそこにぐちゃぐちゃと描く。教えなくても楽しんで描く子どもを見ていると、絵や図が人類の文化の源のような気がしてくる。

　その一方、数学の作図は難しい。定規は直線を引くだけ、コンパスは円や円弧を描くか、同じ長さを測るだけ。定規の目盛は使えず、分度器はいっさい使えない。できないことが多く、めんどうで大変だ。好きな道具で好きなように描いた、幼いころの自由はどこへ行ったのだと憤りたくもなる。

　誰がどこで何に描いても「円」といえばこの図形、これを定めるのが作図である。定規やコンパスを使うかフリーハンドか。手先が器用かそうでないか。地面に描くか紙に描くか。考えてみれば私たちが目にする図形は、本当は多様である。けれども、どう描いたかによって「円」の意味が変わっては、今日と明日で「1」の意味が変わるのと同じように困る。図形をルール化し、時と場所によるぶれを排除する。これが作図の意義である。

　ユークリッドの『原論』では、「点とは部分をもたないものである」に始まり、直線、角、円、三角形、四角形などの図形や、平行、垂直、合同や相似などの図形の性質が言葉で厳密に定められた。この言葉によるルールを図形として再現するのが、目盛のない定規とコンパスというわけだ。

ノートに描いた円は2次元の図形、その3次元版が球であるが、4次元やより大きいn次元の円は絵に描けず、見ることができない。しかし、言葉を得た幾何学はこれらも取り扱えるようになった。こうして幾何学は見える形から解放された。

　幾何学のルール化はほかの数学にも波及する。もともと文章題や方程式は目に見えない。数も同様、0やπはおろか1でさえ、数そのものが見えるかはかなりあやしい。そもそも「見えない」数学は、言葉のルールと相性がよかった。少ないルールで問題や課題を捉え、皆で検討する。さらには「たとえば$2+3 \neq 3+2$だったら…」のように、ルールの調整をすることでさまざまな数学ができあがる。いろいろな数学があることは、いろいろな言語を知っていることと等しい。

　決まりごとの多い作図はたしかにやっかいだ。だがその背後に触れることでもっと大きい自由を得る。作図に親しむことによって、円や三角形は平面から飛び立つ。

Chapter 3

中近世・近代前期

Middle - Early Modern

正弦定理・余弦定理

law of sines・law of cosines

三角比に関する 2 つの定理。日本語で $\sin\theta$ は正弦、$\cos\theta$ は余弦というため、このように呼ばれる。三角形において、辺に向かい合う角を対角と呼ぶが、対角が大きいほど向かい合う辺は長くなる。正弦定理はこの性質を数式で表す。余弦定理は、三平方の定理から「直角」の条件をはずした定理である。つまり、余弦定理の特殊な場合が三平方の定理といえる。三角形の 3 辺の長さが 3、4、5 のときは $3^2 + 4^2 = 5^2$ を満たすため、三平方の定理より直角三角形になる。3 辺の長さが 3、4、4 では鋭角三角形、3、4、6 では鈍角三角形となることを余弦定理は示す。

回転と直線をつなぐ

まわるコマと一直線に飛んでいくパチンコ玉。回転と直進は異なる運動だ。回転と直線を相互に変えるクランクという仕掛けは、古くは蒸気機関車、今では発電などで利用されている。回転は角度で、直線は長さで測る。質の違うこれら 2 つをつなぐ数学が $\sin\theta$ や $\cos\theta$、とくに正弦定理と余弦定理である。自転車は股関節やひざの連動で直線の運動を作り、ペダルの回転運動を生み出す。つまり自転車をこぐ私たちはクランク機構の一部になるが、自転車に乗りながら正弦定理や余弦定理を思い出す人は少なそうだ。

🔗 link　直線 /p.034,　三平方の定理 /p.046,　角 /p.050,　円 /p.054,　三角比 /p.120

フィボナッチ数列
Fibonacci sequence

1、1 に続き、3 番目以降は直前の 2 つの数をたした数となる並びをフィボナッチ数列という。1, 1, 2, 3, 5, 8, 13, 21, …と無限に続く。フィボナッチ数列のそれぞれの数をフィボナッチ数という。1：1、1：2、2：3、3：5、5：8、8：13など、隣り合う 2 つの数の比は少しずつ黄金比 1：1.618…に近づき、無限の果てで完全に一致する。また、パスカルの三角形に現れる数を斜めにたすとフィボナッチ数列が現れる。このようにフィボナッチ数列はほかの数学との意外な関連がある。自然界においても花びらの数、ひまわりの種の配置などで見ることができる。

数史 **フィボナッチ**

13 世紀ごろのイタリアの数学者。本名はレオナルドで「フィボナッチ」は後世の数学史家がつけた通称。その意味は「ボナッチオの息子」。

link 数列 /p.028、 無限 /p.073、 比 /p.076、 黄金比 /p.078、
パスカルの三角形 /p.087

つるかめ算
tsuru-kame problem

鶴と亀が合わせて○匹、足の数が合わせて△本のとき、鶴と亀がそれぞれ何匹いるかを求める問題。算数の有名な文章題の1つ。長方形の一部が欠けたL字型の図形の面積を使って答えを導く。鶴の数を x、亀の数を y と表し、連立方程式 $x+y=$ ○、$2x+4y=$ △ を作ることでも解くことができる。さらに「羽の数が合わせて□」を加えれば、鶴と亀と、6本足の蝶でも問題として成立する。中国、漢の時代の文献では雉と兎であったが、日本では江戸時代におめでたい動物とされた鶴と亀になった。

揺れ動く足の数

鶴と亀が計15匹、足の数が計40本としよう。すべて鶴とすれば $2 \times 15 = 30$ 本。1匹だけ亀であれば $2 \times 14 + 4 \times 1 = 32$ 本。すべて亀なら $4 \times 15 = 60$ 本が足の数となる。このように鶴や亀の数を変えるたびに、足の数は30と60のあいだをシーソーのように揺れ動く。解き方を知らなくても試行錯誤をすれば答えに到達できる。小学校では面積で、中学校では連立方程式で、高校や大学では行列を使って解くことができる。鶴と亀の足の数なんてどうでもいいよ、と思うかもしれない。でもちょっと真剣に付き合うといろいろなものの見方ができる。

🔗 link 面積 /p.038、　文字式 /p.084、　方程式 /p.090、　連立方程式 /p.093、
　　　　　行列 /p.180

平均
mean

与えられた数をすべてたし合わせ、その個数でわった数。たとえば 10 と 20 と 60 をたすと 90、たし合わせた数は 3 つなので、この平均は $\frac{10+20+60}{3} = 30$ となる。60 と 80 の平均が 70 であるように、2 つの数の平均は数直線上ではその 2 つの中央にある。試験の平均点や平均身長のように、平均と比較することで自分が全体に対してどの位置にいるかがわかる。受験の偏差値は、試験の平均点を偏差値 50 とするときの学力を示す。大人も子どもも平均との比較に一喜一憂しがち。自覚の有無はともかく、たぶん私たちは平均が大好きだ。

どちらのチームが強いか

平均は集団の代表となる数だ。対戦する 2 つのサッカーチームのどちらがより背が高いか。1 人ずつを比べてもよいが、各チームの平均身長を比較するのもよい。174cm が 5 人、176cm も 5 人、175cm が 1 人のチームと、173cm が 10 人、195cm が 1 人のチームでは、どちらも平均身長は 175cm で差がない。では、この 2 チームではどちらが強いか。あるいは、この 2 チームのどちらの監督になってみたいか。平均が異なるときはもちろん、たとえ差がなくても考える楽しみはある。

link　分数 /p 134、数直線 /p 176、統計 /p 246、分散 /p 248、回帰分析 /p 250

百分率
percentage

全体を 100 としたときの割合。% で表し、パーセントと
読む。50% の人が名物のカレーを頼むカフェでは、100
人のお客さんのうち 50 人がカレーを食べる。比で考えれ
ば 10 人のうち 5 人、2 人のうち 1 人が注文する人気商品
だ。100% は「必ず」、0% は「まったくない」を意味す
る。200% は、100 に対して 200、つまり 2 倍を表す。
「割」は全体を 10 としたときの割合で、先のカフェでカレ
ーを頼む人は 5 割となる。ある新聞のアンケート調査では、
降水確率 30% の日は約 49% の人が傘を持って外出する
という。

🔗 link　比 /p.076,　分数 /p.134,　小数 /p.136,　確率 /p.243,　統計 /p.246

分数
fraction

主に 2 つの整数で表す数。$\frac{1}{2}$ など。上の数を分子、下の数を分母という。$\frac{1}{2}$ は $1 \div 2$ と同じく 0.5 を表し、「1 つのケーキを 2 人で等しく分けるときの量」のような意味をもつ。分子、分母がともに正の整数で、$\frac{1}{2}$ のように（分子）＜（分母）のものを真分数、（分子）＞（分母）のものを仮分数という。仮分数 $\frac{7}{3}$ は $2\frac{1}{3}$ と書くこともあり、これを帯分数と呼ぶ。$2 + \frac{1}{3}$ を意味する $2\frac{1}{3}$ は、$\frac{7}{3}$ よりもだいたいの大きさが把握しやすい。しかし、中学以降の数学では $2\frac{1}{3}$ は $2 \times \frac{1}{3}$ を表すため、そのころから帯分数は使わなくなる。

兄 はいつでも少し大きい

ぼくは 8 さい、お兄ちゃんは 12 さいだ。なんばいかというと $12 \div 8$ で 1.5 ばい。お母さんは 25 このチョコレートを「年の比で分けなさい」という。$12 : 8 = 15 : 10$ だから、お兄ちゃんは 15 こ、ぼくは 10 こ。これも 1.5 ばいだ。おこづかいはお兄ちゃんが 1200 円でぼくは 800 円。分数にすると $\frac{1200}{800} = \frac{3}{2}$ でやっぱりこれも 1.5。わり算と比と分数が同じだと気づいたのはこのとき。20 年たった今、年齢の比は $\frac{32}{28} = \frac{8}{7} = 1.14$ ぐらい。チョコレートもおこづかいももう一緒にはもらえないけど、兄は今でも少し大きい。

🔗 link　倍数・約数 /p.026、　比 /p.076、　百分率 /p.133、　小数 /p.136、
有理数・無理数 /p.139

小数
decimal

1 より小さい正の数も考えるときの数。0.5 や 3.141 のように、小数点「.」の右側で 1 より小さい数を表す。数直線で 0 と 1 のあいだを 10 等分するのが 0.1、0.2、0.3、…、0.9 である。さらに 0.0 と 0.1 のあいだを 10 等分すれば 0.01、0.02、0.03、…、0.09 と、いくらでも細かくできる。整数は小数点以下がない小数と考えることも可能だ。今では日常でよく使われる小数だが、その確立は 16 世紀ごろと意外に遅く、分数よりも新しい。割＝0.1、分＝0.01、厘＝0.001 は、万＝10000 や億＝100000000 などの仲間。

🔗 link　百分率 /p.133,　分数 /p.134,　有限小数・循環小数 /p.137,
数直線 /p.176,　連続体仮説 /p.211

有限小数・循環小数
finite decimal・infinite decimal

0.5 や 3.456 のように限られた数の並びで表せる小数を
「有限小数」、0.666…や 12.3412341234…のように同じ数
の並びを無限に繰り返す小数を「循環小数」という。とも
に分子、分母が整数の分数で表すことができる。先の4つ
の小数は順に $\frac{1}{2}$、$\frac{432}{125}$、$\frac{2}{3}$、$\frac{123400}{9999}$ となる。2 や 340
などの整数も限られた数の並びで表せるため有限小数とい
ってよい。円周率 $\pi = 3.141592…$ や、$\sqrt{2} = 1.414213…$
などの無理数は有限小数でも循環小数でもない。有限小数
と循環小数と無理数を合わせたのが実数だ。

link　円周率 /p.056、　分数 /p.134、　小数 /p.136、　実数 /p.138、
有理数・無理数 /p.139

089

実数
real number

小数で表すことができる数。大半の人が考える「数」は実数だと思う。いわば「ふつうの数」。実数は有理数と無理数に分けられる。数直線上では有理数は飛び飛びの位置にある。1と2はもちろん、0.001と0.002など、どれだけ細かくしても飛び飛びのままだ。この有理数と有理数のすき間を埋めるのが無理数である。すき間が埋まって数がぎちぎちに詰まっていることを「連続」という。有理数だけでは連続にはならず、無理数を含めた実数において、ようやく連続になる。微分や積分には連続の考え方が欠かせない。つまり実数を知って初めて微分や積分が可能になる。

飛び飛びの数と連続する数

数直線を1の点でスパッと切ると、数直線の左側か右側のどちらかに1が入るだろう。1が左側に残れば「1以下」と「1より大きい」に、1が右側に残れば「1より小さい」と「1以上」に分かれる。数直線上に1.3、1.4、1.5のような飛び飛びの有理数しかないとして、$\sqrt{2} = 1.414\cdots$で切るとどうなるか？ 有理数でない$\sqrt{2}$はポロっと落ちて「$\sqrt{2}$より小さい」「$\sqrt{2}$より大きい」という境界がはっきりしない2つのかたまりができる。$\sqrt{2}$を取りこぼさない、スカッとした切れ味は実数の賜物だ。

link　自然数 /p.015,　有理数・無理数 /p.139,　微分 /p.156,　積分 /p.160,
　　　　数直線 /p.176,　連続体仮説 /p.211,　ヒルベルト空間 /p.270

138

有理数・無理数
rational number・irrational number

分子、分母が整数の分数で表される数を「有理数」、有理数でない実数を「無理数」という。$\frac{24}{13}$ に対して $\frac{24}{13}$: 1 の比が 24 : 13 となるように、有理数 $\frac{m}{n}$ と 1 の比は m : n、すなわち整数同士の比になる。一方、無理数と 1 の比、たとえば $\sqrt{2}$: 1 はどんなに頑張っても整数同士の比にはならない。無理数の存在は、整数を美しいと思う人々には受け入れがたいものだっただろう。有理数は英語で rational number、ratio は比を意味する。比がないとはいえ、「無理な数」ではちょっと可哀想な訳語だ。

複素数			
実数			虚数
有理数		無理数	
整数	有限小数	$\sqrt{2}$	$2+3i$ $-4i$
自然数 1 2	$\frac{1}{2}$ $\frac{3}{4}$		
0			
負の整数 -1 -2	循環小数 $\frac{1}{3}$ $\frac{8}{7}$	π	

🔗 link　円周率 /p.056,　平方根 /p.064,　比 /p.076,　分数 /p.134,　実数 /p.138,
　　　　　ネイピア数 /p.170,　虚数 /p.182,　複素数 /p.184

比例
proportion

一方の値が増えるにしたがって、もう一方の値も一定の割合で増えるとき、その 2 つの値は「比例の関係にある」という。正比例とも。時速 30km で移動すると 1 時間後はスタート地点から 30km、2 時間後には 60km 離れた地点に到達する。このように一定の速度で移動するとき、経過時間と移動距離は比例の関係にある。高さが同じ三角形の底辺の長さと面積、円の半径と円周の長さもそれぞれ比例の関係にある。一方からもう一方の値が簡単に推測できるため、比例関係にある 2 つの数量は、同じように変化するとみてよい。

比例・直線・1 次関数

タイヤが 4 つついた自動車の台数と、タイヤの合計数は比例の関係にある。自動車が 0 台のときはタイヤも 0 本なので、自動車の台数を横軸、タイヤの数を縦軸で表すグラフは、原点 (0, 0) を通る直線になる。残高 1 万円の銀行口座に毎月千円ずつ貯金すると、経過した月数と貯金額のグラフも直線になるが、このグラフは原点 (0, 0) でなく点 (0, 10000) を通る「少しずれた比例」になる。比例や「少しずれた比例」は 1 次関数としてまとめられ、その形から「線型である」という。

∞ link　直線 /p.034,　反比例 /p.142,　1 次関数 /p.147,　切片 /p.149,
デカルト座標 /p.172,　線型代数 /p.272,　旅人算 /p.318

反比例
inverse proportion

一方を n 倍すると、もう一方が $\frac{1}{n}$ 倍となる 2 つの値の関係を反比例という。面積が 24 の長方形では、縦の辺の長さが 2 から 6 と 3 倍に増えると、横の辺の長さは 12 から 4 と 3 分の 1 に減る。このように長方形の面積が一定のとき、縦と横の辺の長さは反比例の関係にある。変化する 2 つの値がともにプラスならば、反比例のグラフは右肩下がりの曲線になる。重い物を運ぶのは大変だが、軽い物ならより遠くまで運べる。この関係は「使う力 × 移動距離 ＝ 仕事」という式で表される。仕事が一定のとき、力と距離は反比例の関係にある。

厚みがないのに面積が 0 でない図形

反比例の曲線は上方で縦軸に、右方で横軸に限りなく近づくが、軸と交わることはない。なぜか。面積が 10 の長方形の縦、横の辺の長さをそれぞれ縦軸、横軸で表したグラフが、点 $(10000, 0)$ で横軸と交わったとする。これは横の長さが 10000、縦の長さが 0 の長方形の面積が 10 であることを意味する。このように反比例のグラフが軸と交わると「厚みがないのに面積が 0 でない長方形」ができてしまう。近づくけど交わらないのはもどかしいが、これは「妙な長方形」や「0 の力でする仕事」がないことを保証している。

link　面積 /p.038,　無限 /p.073,　比例 /p.140,　デカルト座標 /p.172,
曲線 /p.216,　仕事算 /p.319

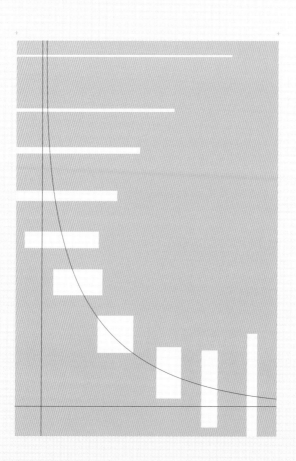

関数
function

ある値に対して別の値が1つずつ決まるとき、別の値をもとの値の関数という。たとえば「2倍する」は1に対して2、7に対して14となる関数であり、$y = 2x$で表される。fなどの文字で関数を示すことがある。「2倍する」でいえば$f(x) = 2x$、$f(7) = 14$となる。関数は、お金を入れてボタンを押すと飲み物が出る自動販売機をイメージするとよい。ボタンを押して数を決めると、それに対応した数がゴロンと現れる。「2乗する」関数は3に対して9、−3に対しても9を返す。これは2つのボタンに設定されている人気の飲料、どちらを押しても同じ飲み物が出てくる。

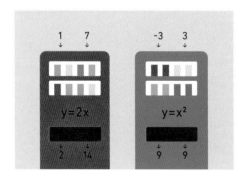

関数のグラフの特徴

異なる値に対して同じ値を返すのはよいが、同じ値に対して異なる値を返してしまうと関数とみなされない。同じボタンを押して、あるときはオレンジジュース、あるときはコーヒーが出てくる自動販売機が信用できないのと同じだ。これを関数のグラフで考えると、水平の直線と2か所以上で交わってもよいが、垂直の直線と2か所以上で交わるのは許されないということになる。ジェットコースターでいえば、どんなに急上昇、急下降してもよいが回転はダメ。関数は自動販売機だが、回転コースターではない。

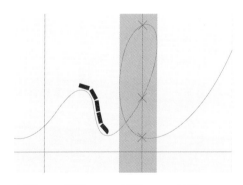

🔗 link　三角関数 /p.122,　逆関数 /p.146,　1 次関数 /p.147,　2 次関数 /p.148,
　　　　　指数関数 /p.190

逆関数
inverse function

関数において、もとの値と決まる値を入れ替えた関数を逆関数という。「2倍する」関数は1を2に、3を6にするが、その逆関数は2を1に、6を3にする。つまり「2倍」の逆関数は「半分」である。式で表せば「2倍」は$y = 2x$、その逆関数は文字を入れ替えて$x = 2y$、さらに変形して$y = \frac{1}{2}x$で「半分」になる。「2乗する」関数$y = x^2$は、3と-3をどちらも9にするため、その逆関数を考えることができない。クラスの名簿番号は1人を決めるが、同姓同名が2人以上いた場合には姓名から名簿番号を決めることができない。よって「名簿番号→姓名」には逆関数が存在しない。

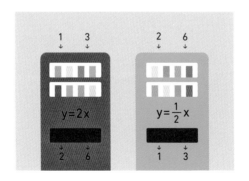

1次関数
linear function

1次式で表される関数。x に対して y を返す1次関数は $y = ax + b$ と表すことができる。比例は1次関数の1種、数式でいえば $b=0$ のときである。入会金が1万円で月会費が3千円のスポーツクラブでは、x か月後の総額は $3000x + 10000$。これは1次式なので、総額は経過月数の1次関数となり、グラフで表すと直線になる。曲がりくねった曲線を数式で表すのは難しい。曲線そのものの代わりにその接線、すなわち直線で考えるのが微分である。私たちは変化の様子を直線、1次関数で理解する。

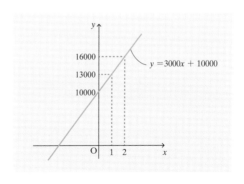

2 次関数
quadratic function

2 次式で表される関数。式で表すと $y = ax^2 + bx + c$ の形となる。半径 × 半径 × 円周率 π となる円の面積は、半径を x とすると πx^2 で表されるため、円の面積は半径の 2 次関数となる。上に向かって投げたボールの高さは、手を離れた瞬間から経過する時間の 2 次関数になる。2 次関数のグラフは山型または谷型の放物線、x^2 の係数 a の値で山や谷の開き方が変わる。3 次関数 $y = ax^3 + bx^2 + cx + d$ のグラフは「山あり谷あり」を描く。私たちの気分や人生は何次関数で表せるか？

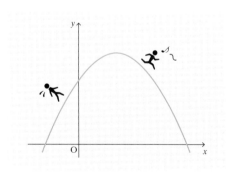

∞ link　円 /p.054、係数 /p.085、2 次方程式 /p.094、関数 /p.144、
　　　　放物線 /p.152、円すい曲線 /p.154

097

切片
intercept

平面上のグラフと y 軸の交点の y 座標。y 切片とも。直線を表す 1 次関数 $y = 3x + 4$ では 4 が切片。グラフの傾きを表す「3」と、切片「4」の 2 つの値によって、平面上の直線が定まる。机の上の定規は回転させるのも移動させるのも自由にできるが、定規の向きと、通過する 1 点を決めると動かすことができない。x 軸との交点の x 座標を x 切片という。1 次関数 $y = ax + b$ では、$x = 0$ とすると y 切片が、$y = 0$ とすると x 切片が求まる。英語で切片は intercept（インターセプト）。球技で相手のボールを奪うことも intercept。わかるような、わからないような。

だ円

ellipse

円を一方向に一定の割合で拡大または縮小した図形。ラグビーボールのような形。だ円は垂直に交わる2つの線分に対して対称の図形であり、その線分をだ円の長軸、短軸という。だ円の長軸と短軸の長さを等しくすると円になる。だ円形のタイヤの車に乗れば、上下に揺られるだろう。これは長軸と短軸の差がもたらす振動だ。だ円と円の関係は、長方形と正方形や、直方体と立方体の関係と同様とみるのがよい。立方体であるサイコロに対して、直方体のリイコロの出る目は偏りがみられる。ラグビーボールの行くすえのハラハラはこの偏りによる。

だ円の焦点

円を引きのばしてだ円を作るとき、円の中心は2つの点に分かれる。この2点をだ円の「焦点」という。円形のビリヤード台では、中心から突いたボールは壁に当たって再び中心に戻る。一方、だ円形のビリヤード台の焦点から突いたボールは壁に当たって跳ね返り、もう一方の焦点を必ず通る。これは、だ円上の1点と2つの焦点が作る2つの角度が常に等しくなるため。この等しくなる2つの角度は、円ではいつでも90°。これらは、円の中心がだ円の2つの焦点が重なったものであることを思い出せば納得できる。

🔗 link 角 /p.050, 円 /p.054, 垂直 /p.104, 相似・合同 /p.106, 円すい曲線 /p.154

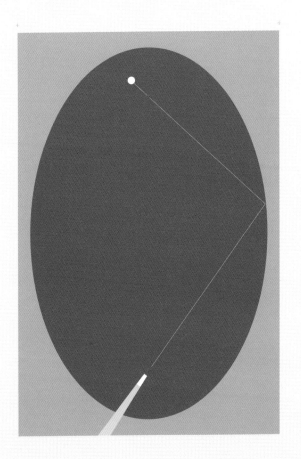

放物線
parabola

斜め上に向かって投げた物体が描く曲線。$y = x^2$ のような 2 次関数で表すことができる。1 次関数は直線であるため、2 次関数は数式で表す線のうち、最初に習う曲線といえる。$y = x^2$ のグラフは上に開いた谷型の曲線で、谷の底を通る垂直な直線に対して左右対称となる。底から左右に行けば行くほど坂が急になる。斜め上に投げたボールが描く放物線は山型で、数式で表すと $y = -x^2$ のようにマイナスの符号が付く。通信用のパラボラアンテナの断面は放物線の形。この形状により入ってきた信号を反射させ 1 か所に集めることができる。

ものを遠くに投げるには

陸上競技の投てき種目は、やり投、砲丸投、円盤投、ハンマー投の 4 種。学校の体力測定では、ソフトボールやハンドボールを投げる。このような競技や測定があるのは、人類に「ものを遠くへ投げること」へのあこがれがあるからではないか。真上に投げると最高到達点は高いが近くに落下してしまう。真横に投げても距離は稼げない。もっとも遠くへ飛ばす理論的な正解は、斜め 45°に投げること。これは放物線を 2 次関数で表すことで説明できるが、実際には投てき 4 種目の最適角度は 30 ～ 40°だという。

🔗 link　角 /p.050,　2 次関数 /p.148,　ロルの定理 /p.166,　曲線 /p.216

円すい曲線
conic

円すいを平面で切った断面に現れる曲線。カラーコーンを
地面に水平な平面で切ると、その断面は（ⅰ）円になる。少
し斜めの角度で切れば、（ⅱ）だ円ができる。さらに角度を傾
け、コーンを真横から見たときにできる、二等辺三角形の
斜めの辺に対して平行に切断すると、（ⅲ）放物線が現れる。
さらに急な角度、垂直やそれに近い切り方で現れるの
は（ⅳ）双曲線と呼ばれる曲線だ。放物線と双曲線は形が異
なり、神戸ポートタワ　は双曲線の形をしている。円やだ
円、放物線、双曲線を合わせて「円すい曲線」といい、ど
れも 2 次方程式で表せるため「2 次曲線」とも呼ばれる。

∞ link　円 /p.054，2 次方程式 /p.094，だ円 /p.150，放物線 /p.152，
デカルト幾何学 /p.174

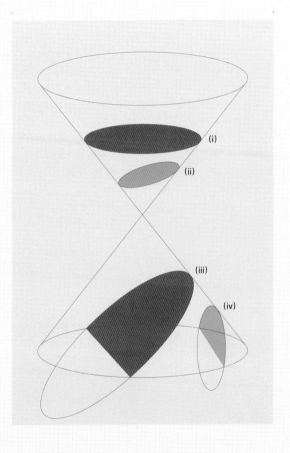

(i)

(ii)

(iii)

(iv)

微分
differentiation

曲線に接する直線、接線の傾きを求めること。曲線の接線
は上昇・下降など曲線のだいたいの傾向を表し、微分はこ
れを導く。たとえば x^2 を微分すると $2x$ になる。これは
$y = x^2$ の接線の傾きが、$x = 3$ のときは $2x$ に 3 を代入し
て 6、$x = -1$ では $2x$ に -1 を代入して -2 になることを
意味する。$y = x^2$ のグラフは谷型の放物線であり、$x = 3$
なら右上がり、$x = -1$ なら右下がりになり、微分による計
算とグラフの形が一致することがわかる。x^3 を微分すると
$3x^2$、これを記号で表すと $(x^3)' = 3x^2$。一般には
$(x^n)' = nx^{n-1}$ が成立する。

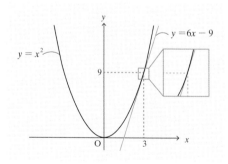

微分に無限は欠かせない

ホースから勢いよく飛び出す水は、空中で曲線を描きなが
ら地面に落ちる。この曲線は地球の引力の産物だが、もし
引力がなかったら水はどのように進むだろうか。答えは、
ホースの先端から飛び出したとたん、ホースが描く曲線の
接線方向に一直線に進む。ハンマー投では、選手を中心に
回転するハンマーは選手が離した瞬間、ハンマーの軌道で
あった曲線の接線方向に飛んでいく。曲線の瞬間の向きが
接線、すなわち「微分」であり、瞬間とは「無限」に短い
時間のことである。つまり微分に無限は欠かせない。

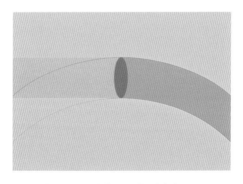

微分方程式
differential equation

$y' = 60$ のように微分「′」を含む方程式。速度は移動距離を微分したものなので、微分方程式 $y' = 60$ は「時速 60km で x 時間移動すると何 km 進むか？」にあたる。この答えは $60x$ で、微分方程式の解としては $y = 60x$ となる。このように小・中学校で速さや距離の問題としてすでに微分方程式に触れている。ふつうの方程式の解が数になるのに対して、微分方程式の解は文字を含む式、すなわち関数である。関数は数の集まりともいえる。方程式は「クラスの中の誰か」を特定するもの、微分方程式は「クラスそのもの」を決定するものと考えるとよい。

身近な微分方程式

小学校にあがったらお小遣いをもらう約束をした。1 年生はひと月 100 円、2 年生はひと月 200 円、…と 1 年あがるごとに 100 円増えるルールに決まった。お小遣いをすべて貯金するとき、x 年生の終わりの貯金額はいくらになるか。これは微分方程式で求めることができる。x 年生の 1 年間で増える貯金額は $x \times 100 \times 12 = 1200x$ 円。微分は「増加分」を表す。微分方程式にすれば $y' = 1200x + 600$、これを解いて $y = 600x^2 + 600x$。x に 1、2、3、…と代入すると、この小学生の喜びが感じられるだろう。

∞ link　方程式 /p.090、　関数 /p.144、　微分 /p.156、
　　　　微分・積分の基本定理 /p.163

積分
integration

103

曲線や直線で囲まれた図形の面積を求めること。曲線で囲まれた図形の面積を考えるのは難しい。これを求めるのが積分である。放物線 $y = 3x^2$ を積分すると x^3、これに $x = 2$ を代入すると 8 になるが、これは図のような放物線と x 軸、x 軸上の点 $(2, 0)$ を通り、x 軸に垂直な直線の 3 つで囲まれた図形の面積になる。積分は、面積を求めたい図形を無限に小さいたくさんの長方形ですき間なく埋めることで、その面積を求める。この方法を区分求積法という。球のような曲面でできた体積を求めるときも同様、無限に小さい直方体の埋め尽くしが積分となる。

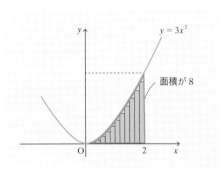

$y = 3x^2$

面積が 8

リンゴの輪切りと積分

リンゴを輪切りにすれば、芯の近くまで無駄なく食べられる。円盤状に厚く切れば、1枚の輪切りのリンゴは上面と底面で半径が異なる円すい台のような形になるが、薄くすればするほど上面と底面の半径が等しい円柱に近づく。円柱の体積は「底面積 × 高さ」で計算できるため、薄い円柱の体積を合計すればリンゴの体積が求められる。こうして積分がおこなわれる。「薄くすればするほど」を「無限に薄くすれば」と言い換えれば、積分に無限が潜んでいることが感じられるだろう。

∞ link　面積 /p.038,　体積 /p.040,　無限 /p.073,　微分 /p.156,　台形公式 /p.162,
微分・積分の基本定理 /p.163

台形公式
trapezoidal rule

曲線や直線で囲まれた図形の面積を求める方法。座標平面
上のグラフで表された図形を、上側の辺以外の3辺が水平、
垂直である細長い台形で敷き詰めることによって、その面
積を求める。敷き詰める台形の数を増やすほど精度があが
り、それぞれの台形の横幅が0になったとき、実際の面積
と一致する。積分の具体的な方法とみることもできる。曲
線をもつ図形の面積を求める苦闘は、数学の歴史の一面を
なす。円を正無限角形とみる、アルキメデスの「取り尽く
し法」はその1つ。曲線や無限をいかに手なずけるか。台
形公式はこの流れの中にある。

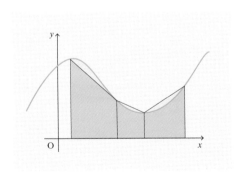

🔗 link　面積 /p.038,　多角形 /p.053,　円 /p.054,　無限 /p.073,
　　　　　積分 /p.160,　曲線 /p.216

微分・積分の基本定理
fundamental theorem of calculus

微分と積分が互いに逆の操作であることをいう定理。3次関数 x^3 を微分すると2次関数 $3x^2$ になり、$3x^2$ を積分すると x^3 に戻る。これは3次関数の接線は2次関数で、2次関数の面積は3次関数で表せることを意味する。しかし、これらの曲線を見ても直感的な理解は難しく、実際に計算することでその驚きがしみじみと湧いてくる。現代では「微分の反対が積分」と当たり前のようにいわれるが、微分は天体や物体の運動に関連して、積分は面積を求める方法として、長い時間をかけて別々に発展してきた。17世紀にニュートン、ライプニッツがそれぞれ独自に微分と積分の統合を果たした。

数史 **ゴットフリート・ヴィルヘルム・ライプニッツ**

17世紀ドイツの数学者、哲学者。$\dfrac{dy}{dx}$ や $\int$ など、現在でも主流の微分や積分の記号はライプニッツによる。「モナド」はライプニッツの哲学の根幹。

∞ link　面積 /p.038、　2次関数 /p.148、　微分 /p.156、　積分 /p.160、　曲線 /p.216

解析
analysis

代数、幾何に並ぶ、現代数学の主要な3分野の1つ。ひとことでいえば解析は「微分と積分」だ。微分や積分には極限が欠かせず、極限とは無限の取り扱い方のことを指す。無限は、紀元前から曲線で囲まれた図形の面積や円周率などで考えられていた。解析は無限を扱う数学の現代版であり、曲線や曲面など「曲がったもの」の計量に欠かせない。計算が大変で高校生や大学生を悩ますが、見渡せば自然物を中心に私たちの周りには「曲がったもの」があふれている。解析は思っているよりもっと身近な学問かもしれない。

1÷0と宇宙

わり算を知り、馴染んだあたりで出会うのが1÷0の不思議だ。10÷2＝5は「10の中に2が5個」と解釈できる。だとすると1÷0は「1の中に0が何個？」という問いになる。考えてもよくわからず、まあいいかと忘れてしまう人が多いが、勉強を続けているとやがて0÷0、∞÷∞と同じようにもやもやする問題に再会する。これらが解析の本質といえる。解析がなければ宇宙の果ての想像が難しいのはもちろん、ロケット1つさえ飛ばすことはできない。1÷0から始まる計算が宇宙や世界につながっている。

link　加減乗除 /p.018，　無限 /p.073，　代数 /p.097，　幾何 /p.098，　微分 /p.156，
積分 /p.160，　極限 /p.165

極限
limit

数列や関数の行くすえの値。たとえば $\dfrac{1}{1}$,$\dfrac{1}{2}$,$\dfrac{1}{3}$,$\cdots$,$\dfrac{1}{n}$,

$\cdots$ という数列は 0 に近づき続ける。これを「この数列の極

限は 0」といい、「$\displaystyle\lim_{n\to\infty}\dfrac{1}{n}=0$」と表す。関数の極限も同様

で、関数 $\dfrac{x^2-1}{x-1}$ において x が 1 に限りなく近づくときの

極限は「$\displaystyle\lim_{x\to1}\dfrac{x^2-1}{x-1}$」と表記する。$x$ に 1.1、1.01、1.001 を

順に代入すると 2.1、2.01、2.001 と限りなく 2 に近づく

ことから、この極限は 2 と想像できる。正確に求めるには

$$\lim_{x\to1}\frac{x^2-1}{x-1}=\lim_{x\to1}\frac{(x+1)(x-1)}{x-1}=\lim_{x\to1}(x+1)=2$$

と因数分解を使う。lim は限界や境界を意味する limit の略。

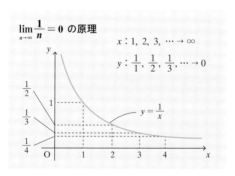

$\displaystyle\lim_{n\to\infty}\dfrac{1}{n}=0$ の原理

$x:1,\ 2,\ 3,\ \cdots\to\infty$

$y:\dfrac{1}{1},\ \dfrac{1}{2},\ \dfrac{1}{3},\ \cdots\to 0$

$y=\dfrac{1}{x}$

🔗 link　数列 /p.028,　無限 /p.073,　因数分解 /p.095,　関数 /p.144,
　　　　振動 /p.230,　収束・発散 /p.232,　最大・最小 /p.254

ロルの定理

Rolle's theorem

関数 $f(x)$ において、ある異なる 2 点 a、b で $f(a) = f(b)$ となるとき、a と b のあいだにある点 c での接線が水平になる、という定理。$f(x)$ のグラフはつながってさえいれば、ぐにゃぐにゃでもよい。大縄跳びのロープを横から見ると、ロープは回転に応じてさまざまな形になるが、ロープが最上部にくるとき、その曲線の中央あたりで接線は水平になる。点 c はこのロープが作る山の頂上とイメージするとよい。$f(a) = f(b)$ はロープを回す 2 人の手の高さが同じであることを表す。手の高さが同じでないときには、傾きが水平にならないこともある。図を描いて想像してみよう。

⚬ link　関数 /p.144、微分 /p.156、曲線 /p.216

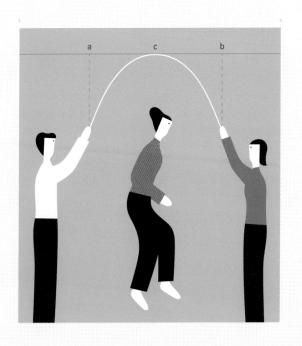

対数
logarithm

$2^3 = 8$のように n 乗で表された式において、3 を 8 の対数という。また 2 をこの対数の「底」という。式では $\log_2 8 = 3$ と表す。つまり $\log_2 8 = 3$ と $2^3 = 8$ は同じ意味であり、慣れないうちは書き直すことをおすすめする。$10^2 = 100$、$10^6 = 1000000$ を対数で表すとそれぞれ $\log_{10} 100 = 2$、$\log_{10} 1000000 = 6$。つまり 10 を底とする対数は、もとの数に現れる 0 の数になる。log は対数を意味する logarithm の略。比や論理あるいは神を意味する logos と、数を表す arithmos を合わせたもので、ネイピアによる造語。

数を大まかにとらえる

細菌は 1m の 100 万分の 1、$\frac{1}{10^6}$ m の世界に生きる。ウィルスはそのおよそ 1000 分の 1 で $\frac{1}{10^9}$ m、原子はさらに小さく $\frac{1}{10^{12}}$ m の世界にある。一方、宇宙は広く大きい。地球から太陽までの距離は 150 億 m、およそ 10^{10} m。太陽系からもっとも近い恒星まで約 $10^{16} = 10000000000000000$m もある。銀河系の端から端はもっともっともっと大きい。小さすぎても大きすぎてもめまいがする。端数なんて気にせず 0 の数を数えようというのが対数。微小から巨大までを大まかにとらえて、世界や自然を考える道具である。

ジョン・ネイピア

16 〜 17 世紀、スコットランドの学者。対数の発明で知られ、ネイピア数
e に名を残す。かけ算やわり算のための道具「ネイピアの骨」や、小数点
の発明者でもある。

link　n 乗 /p.066，　ネイピア数 /p.170，　指数関数 /p.190，　対数関数 /p.192，
　　　　有効数字 /p.245，　グーゴル /p.252

ネイピア数
Napier's constant

2.71828…と無限に続く数。e で表す。$\sqrt{}$ で表される数以外で、π の次に有名な無理数。ベルヌーイの金利計算が起源の1つ。たとえば1年で10%、つまり $\frac{1}{10}$ の利息がつくとき、利息にも利息がつく複利計算では10年後は $\left(1+\frac{1}{10}\right)^{10} = 2.5904$ 倍になる。この式の2つの10を100、1000、と無限に大きくしたときの値が2.71828… $= e$ である。また $\frac{1}{0!} + \frac{1}{1!} + \frac{1}{2!} + \frac{1}{3!} + \cdots$ も e になる。π は三角関数で重要な数、e は指数関数や対数関数において特別な数だが、π と比べて e の知名度は高いとはいえない。

e^x の微分は e^x になる

ネイピア数の e は、オイラー（Euler）の e といわれる。オイラーは指数関数 e^x の微分はそれ自身、e^x になることを示した。微分の記号「$'$」を使えば $(e^x)' = e^x$。こんな関数は e^x しかない。微分が接線の傾きを表すことと合わせれば、この式は $y = e^x$ のグラフの y 座標と接線の傾きがいつでも等しいことを示す。登山でたとえれば、標高500で山のこう配が500、標高2000でこう配が2000とどんどんきつくなる。逆に「登れば登るほど楽」になる山を表す関数の1つが対数関数 $y = \log_e x$。この山の頂上付近はほぼ水平だが、問題が1つ。この山には頂上がない。

数史　レオンハルト・オイラー

18世紀、スイスの数学者。886以上の数学論文を遺し、その数は人類で最も多いといわれる。

∞ link　円周率 /p.056、　無限 /p.073、　階乗 /p.083、　有理数・無理数 /p.139、
　　　　微分 /p.156、　指数関数 /p.190、　対数関数 /p.192

デカルト座標
Cartesian coordinates

点の位置を示す方法。基準となる点から横方向に 3、縦方向に 4 の距離にある点 P を (3, 4) と表し、これを点 P のデカルト座標という。基準の点 O は原点と呼ばれ、そのデカルト座標は (0, 0) である。横軸を x、縦軸を y とするのが一般的で、先の例では x 座標が 3、y 座標が 4 となる。軸が直角に交わることから直交座標、あるいは単に座標ともいう。3 次元空間では高さ方向の z 座標を加え、3 つの数で 1 点を表す。碁盤の目のような京都の街並みでは、四条烏丸の交差点を原点 (0, 0)、四条河原町を (1, 0) とすると、清水寺は (2, −1)、二条城は (−1, 1) のあたりになる。

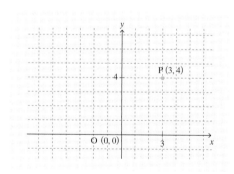

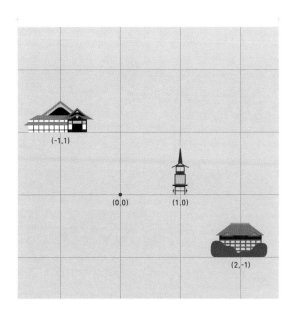

(-1,1)

(0,0)   (1,0)

(2,-1)

ルネ・デカルト

1596 年フランス生まれの哲学者、数学者。デカルト幾何学はその後の数学の基盤となり、著書『方法序説』の「我思う、ゆえに我あり」はその後の哲学の行くすえを示した。

⃝ link　点 /p.032，デカルト幾何学 /p.174，グラフ /p.175，極座標 /p.177

デカルト幾何学
Cartesian geometry

デカルト座標で考える幾何学。座標幾何学、解析幾何学とも。平面上の点は$(2, 3)$のような1つのデカルト座標で表すことができる。このデカルト座標を使って、直線は$y = 4x+5$のような1次式で、円は$x^2+y^2 = 1$のような2次式で表すことができ、図形の性質が計算で求められるようになった。デカルト幾何学は、それまでの幾何学が図で考えていたのと対照的である。図から計算への変更は、定規とコンパスから計算機、さらにはコンピュータへと至る道具の変化に対応する。デカルト幾何学がなければスマホで位置情報を知ることはできなかっただろう。

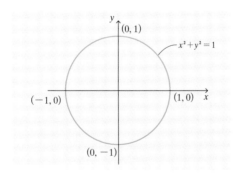

グラフ
graph

2つ以上の数や量の関係を表す図。年齢を横方向、身長を縦方向の値として成長の記録を座標で表すと、10代後半ぐらいまでは斜め右に上がり、その後は水平になる。このように、グラフを使うと数の変化がひと目でわかる。2つの数や量は平面（2次元）、3つの数や量は空間（3次元）のグラフで表すことができる。点や線で表す数学のグラフのほかに、統計で使われる棒グラフや円グラフがある。統計のグラフの発明は17～18世紀と意外と新しい。「看護師の祖」といわれるナイチンゲールの「鶏頭図」は初期の統計グラフである。

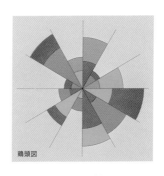

鶏頭図

⊂⊃ link　平面 /p.036，空間 /p.037，デカルト座標 /p.172，極座標 /p.177，
次元 /p.224，統計 /p.246，回帰分析 /p.250

数直線
number line

数を表す直線。数の大きさを直線における位置で示したもの。0 を表す点を基準とし、次に 1 を表す点を決める。2 は 0 と 1 の距離の 2 倍の位置、3.5 は 0 と 1 の距離の 3.5 倍の位置といった具合に、すべての数を直線上の点で表すことができる。マイナスの数は 0 からみて 1 と反対方向に続く。理屈の上では直線が左右に無限に続くことが、数が無限に大きく、または小さくなれることに対応する。数と直線上の位置には本来は関係がなく、数直線の発明によって数と位置は同一視できるようになった。子どもの身長を柱のきずで記録するのは数直線と同じアイデア。

link　1 /p.012、　0 /p.016、　正の数 /p.022、　負の数 /p.023、　無限 /p.073、
実数 /p.138、　デカルト座標 /p.172、　複素数 /p.184

極座標
polar coordinates

平面上の点を、原点からの向きとそこまでの直線距離で定める座標。碁盤の目のような街並みを縦横にジグザグ進むことで位置を特定するデカルト座標に対し、極座標は原点から街並みを壊しながら1直線に進むレーザー光線による位置決めと思うのがよい。向きは角度で表せるので、極座標は回転運動を考えるときに役立つ。角度を扱う三角関数との相性もよい。町の中心から東に1km、北に1kmにある井戸は、デカルト座標で表せば$(1, 1)$、極座標では$(\sqrt{2}, 45°)$となる。図を描いて考えてみよう。

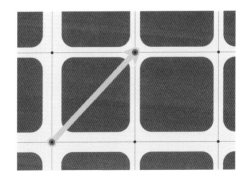

∞ link　直線 /p.034,　角 /p.050,　三角関数 /p.122,　デカルト座標 /p.172,
　　　　ガウス平面 /p.234

ベクトル
vector

向きと大きさをもつ量。ある地点から北西に 50m、同じ
く北西に 80m、南西に 50m 進んだそれぞれの点はすべて
異なる地点を示す。「50」や「80」は数であり、数には大
きさしかない。この大きさに「北西」のような向きを合わ
せたものがベクトルだ。ベクトルは矢印をイメージすると
よい。矢印の方向でベクトルの向き、長さでベクトルの大
きさを表す。大きさが 1 のベクトルを「単位ベクトル」と
いい、数における 1 のような役割を果たす。大きさが同じ
で向きが正反対の「逆ベクトル」はマイナスの数にあたる。
これらを使ってベクトルも数のような計算ができる。

あなたとわたしのベクトルの違い

「わたしとあなたはベクトルが違う」という人が時々いる。
これがもしお互いの方向性、すなわち向きの違いだけを表
しているとしたら、厳密には誤用となる。ベクトルが同じ
とは、望む向きも、進む速度も同じということ。ベクトル
が同じでないと一緒に歩めない、というのは結構厳しい条
件だと思うがどうだろうか。平面上のベクトルならまだし
も、3 次元、4 次元、…のベクトルで考えるとなおさら難
しい。人間関係でも数学でも、慎重に考えることは大事だ
けど、複雑すぎるのは考え物かもしれない。

🔗 link　極座標 /p.177、行列 /p.180、次元 /p.224、ヒルベルト空間 /p.270、
ベクトル空間 /p.273

行列
matrix

$\begin{bmatrix} 1 & 2 & -3 \\ -4 & 5 & 6 \end{bmatrix}$ のように括弧内に数を縦横に配置したも

の。この「1 2 −3」「−4 5 6」のような横の並びを「行」、
縦の並びを「列」という。同じ位置にあるそれぞれの数を
たしたり、ひいたりすることが行列の和や差になる。行列
同士のかけ算、わり算もある。連立方程式 $3x+4y=5$、
$6x+7y=8$ も下のように表し、解くことができる。

$$\begin{bmatrix} 3 & 4 \\ 6 & 7 \end{bmatrix}\begin{bmatrix} x \\ y \end{bmatrix}=\begin{bmatrix} 5 \\ 8 \end{bmatrix}$$

ロボットの手先の動きは 3 行 3 列の行列で表現できる。行
列を使わなくても連立方程式が解けるように、行列は必要
不可欠とまではいえないが、式が見やすくなったり、機械
的な計算ができたりするため、微分・積分と合わせ理系の
大学生の必須科目となっている。

行列の表現力

「身長175cm」や「1日に2度カフェに行く」のように、数はものやことを特徴づける。身長に加えて「体重80kg」となれば、「がっしりした成人男性」のような推測が進む。これらの情報を［175 80］とまとめれば、それは行列である。年齢を付け足して［175 80 20］となれば、若々しい活気を感じさせる。行を増やせば、成長の記録になるだろう。1つの数［175］は1行1列の行列とみることもできる。行列はただの数の集まりでなく、表現力を増した1つの「拡張された数」だ。

CO link　連立方程式 /p.093,　つるかめ算 /p.131,　微分 /p.156,　積分 /p.160,　階数 /p.225

虚数
imaginary number

2乗すると −1 になる数 i を用いて、$a+bi$ の形で表される数。$2+3i$、$\frac{4}{5}+6i$ など。a や b は実数であればよいため、$\pi+\sqrt{7}\,i$ も虚数である。英語で虚数は imaginary number で、その意味は「想像上の数」。このネーミングはオイラーによる。日本語の「虚（しい）数」とはニュアンスが異なる。波を表現できる三角関数ともよく馴染むため、電流を扱う電子工学や、原子の動きを考える量子力学で頻繁に利用される。「想像上の数」が手元のスマホにも使われている。勉強も悪くない。

虚数単位 i

2乗して −1 になる数。$i^2=-1$。虚数なんてないよと言いたくなる、とっつきにくさのもとの数。1 が実数の基準であるのに対して、i は虚数の基準であるため、虚数単位と呼ばれる。$i^2=-1$ の両辺に i をかければ $i^3=-i$、もう一度 i をかけて $i^4=1$。0乗、1乗と合わせて並べると $i^0=1$、$i^1=i$、$i^2=-1$、$i^3=-i$、$i^4=1$ となり、この先はこの並びを繰り返す。このように i の n 乗は、実数・虚数の基準と、プラス・マイナスの組み合わせを規則的に繰り返す。ここから i が1やプラス、マイナスと同じくらい重要であることが想像できる。

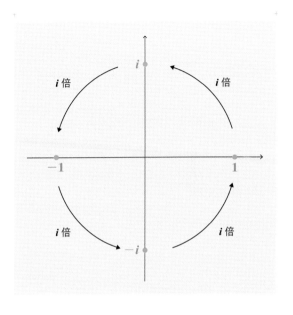

複素数
complex number

$a+bi$のようにiを使って表せる数。aを実部、bを虚部という。複素数は虚数とほぼ同じ意味をもつが、厳密には、虚部が0のときiの項が消えて実数になり、虚部が0でないときはiがある虚数になる。つまり実数と虚数を合わせたものが複素数である。「解なし」とされる2次方程式は、複素数の解を2つもつ。複素数は実部がx座標、虚部がy座標の「平面上の点」を表す。虚部が0、すなわち実数は「数直線上の点」になる。iは$0 ｜ 1i$と表され、点$(0，1)$に対応することから、数直線の原点から距離1の真上に浮かぶ点とみることができる。

実数から複素数の世界へ

2次方程式$x^2=4$の解は2と-2、$x^2=1$の解は1と-1、$x^2=0$の解は0。この勢いで方程式の右辺を「-1」にすると$x^2=-1$、その解が複素数iと$-i$である。いやいや、そんな方程式はないでしょ、と思う人は$x^2=4$と$x^2=1$のあいだの$x^2=3$を考えてみてほしい。現代で2次方程式を習った人なら解は$\sqrt{3}$と$-\sqrt{3}$と答えるが、平方根がない世界の住人は、そんな数はないと答えるはずだ。2や1などの整数から$\sqrt{3}$などの実数へ、さらに実数からiを含む複素数へと「数の世界」は広がっていく。

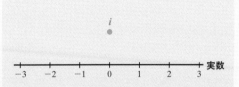

複素数

ド・モアブルの定理

de Moivre's theorem

三角関数と複素数がつながる定理。

$$(\cos\theta + i\sin\theta)^n = \cos n\theta + i\sin n\theta$$

と表される。左辺の複素数 $\cos\theta + i\sin\theta$ は極座標が $(1,\ \theta)$ の点、右辺の複素数 $\cos n\theta + i\sin n\theta$ は極座標が $(1,\ n\theta)$ の点を表し、その角度は n 倍である。どちらも原点からの距離が 1 であり、また左辺の n 乗と合わせると、この定理は「複素数の n 乗は角度 n 倍の回転」を意味する。時計の秒針は、3 時の位置から t 秒後に $(\cos(-6)^{\circ} + i\sin(-6)^{\circ})^t$ を指す。ド・モアブルの定理は部屋で時を刻む。

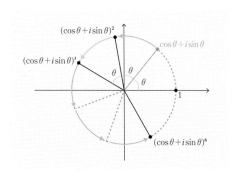

link　三角関数 /p.122,　極座標 /p.177,　複素数 /p.184

オイラーの公式
Euler's formula

$e^{i\theta} = \cos\theta + i\sin\theta$ で表される式。起源が異なる指数関数と三角関数がつながる式で、ガウス平面上の原点を中心とする半径 1 の円で説明できる。ド・モアブルの定理による証明のほか、微分を繰り返すテイラー展開からも証明でき、微分とも深く関係する。このように多くの数学と関連がある、燦然と輝く式であり、電子工学などでも不可欠と申し分ない優等生だ。$\theta = \pi$ とすると $e^{i\pi} + 1 = 0$ となり、e、i、π、1、0 と重要な数の揃い踏みとなる「オイラーの等式」は、数学で「もっとも美しい式」といわれることが多い。

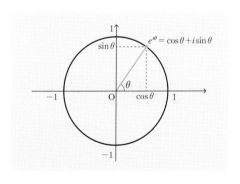

弧度法
<ruby>弧<rt>こ</rt></ruby><ruby>度<rt>ど</rt></ruby><ruby>法<rt>ほう</rt></ruby>

circular measure

円の1周を2πとする角の表し方。弧度法に対して、1周を360°とする表し方を「度数法」という。定義より360°と2πが対応し、ほかの角は割合で求める。たとえば30°は$\frac{\pi}{6}$、45°は$\frac{\pi}{4}$になる。360は約数が多いため、度数法を使えば2、3、4、5、6、8、9、10、12と多くの等分ができて便利だが、弧度法のほうがほかの数学ともよく馴染む。三角関数の微分の公式、$(\sin\theta)' = \cos\theta$、$(\cos\theta)' = -\sin\theta$、オイラーの公式$e^{i\theta} = \cos\theta + i\sin\theta$など、弧度法によって多くの性質、数式がシンプルになる。度数法の単位「°」に対し、弧度法の単位「ラジアン」はよく省略される。

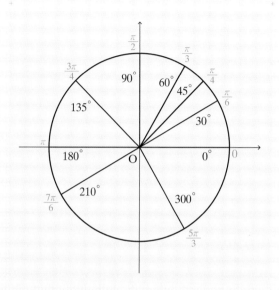

指数関数
exponential function

2 に対して $2^2 = 4$、3 に対して $2^3 = 8$のように、与えられた数の n 乗を返す関数を指数関数という。文字を使えば $y = a^x$。a を指数関数の「底」という。底が 1.1 のような小さな値でも指数関数は急激に大きくなる。実際、1.1^{10} は約 2.59、1.1^{20} は約 6.72 と最初こそおとなしいが、1.1^{100} は約 13781、1.1^{200} は約 189905276 と膨れ上がる。2 と x を入れ替えた $y = x^2$ と $y = 2^x$ は、$x=1$ で 1 と 2、$x = 10$ では 100 と 1024 だが、$x=100$ とすると

$$10000 \quad と \quad 1267650600228229401496703205376$$

になる。指数関数は油断できない。

指数関数のひみつ

『ドラえもん』のひみつ道具「バイバイン」は、ふりかけた物が 5 分間で 2 倍になる薬だ。のび太はバイバインを栗まんじゅう 1 つにかけ、倍になった時点で 1 つを食べ、もう 1 つが増えるのを待てば永遠に食べ続けられると考えた。しかし、倍々に増える栗まんじゅうを 1 つでも食べ残すと、1 時間で 4096 個、2 時間で 16777216 個になり、とても食べきれない。1 回折り返すと厚さが倍になる紙は、1 枚 0.1mm として 42 回折り返すとその厚みは約 44 万 km になる。これらはいずれも指数関数の爆発的な増加による。

∞ link // 乗 /p.066、関数 /p.144、対数 /p.168、ネイピア数 /p.170、対数関数 /p.192、収束・発散 /p.232

対数関数
logarithmic function

指数関数のもとの値と決まる値を入れ替えた関数を対数関数という。指数関数 $y=2^x$ において、$x=1$ のときは $y=2$、$x=5$ なら $y=32$ である。これらの x と y を入れ替えて $x=2$ のときは $y=1$、$x=32$ なら $y=5$ となるのが対数関数であり、$y=\log_2 x$ と表される。x と y の入れ替えなので、対数関数と指数関数は互いに逆関数の関係にある。座標平面では x 軸と y 軸が入れ替わり、$y=2^x$ と $y=\log_2 x$ のグラフは右上がり 45°の直線 $y=x$ に関して線対称の曲線になる。「油断できない」指数関数に対して、対数関数は「穏やかないいやつ」。

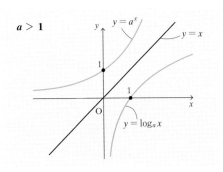

整数論
number theory

整数を扱う数学の分野。数論、自然数論ともいう。わり算のあまりの性質や、素数の分布など、古代から現代まで長年にわたり研究されている。たとえば、n を無限に大きくするとき、自然数 n までの素数の個数は $\frac{n}{\log n}$ に近づくという「素数定理」はその成果の１つ。一般的には代数の一部とされるが、近現代では、実数や複素数を扱う解析学や幾何学など整数から離れたところでも展開され、数学の最先端の１つとなっている。整数と聞くと、微分・積分などの解析学よりとっつきやすい印象があるが、その印象が多くの数学好きを惑わしているとも思う。ガウスは「数学は科学の女王、整数論は数学の女王」と言った。

数史 **カール・フリードリヒ・ガウス**

1777年ドイツ生まれの数学者、物理学者。ガウス積分、ガウス分布など、ガウスを冠するたくさんの成果は分野を越える。1806年、戦時下のフランス軍がガウスの庇護者を殺めた際、ガウス本人は手にかけず、保護した。

メルセンヌ数

Mersenne number

自然数 n に対して $2^n - 1$ で表される数。n に 1、2、3、4 を順に代入した 1、3、7、15 など。メルセンヌ数は 2 の n 乗の和で表される。たとえば 15 = 1 + 2 + 4 + 8 であり、右辺の数はそれぞれ 2^0、2^1、2^2、2^3。つまり 15 = $2^0 + 2^1 + 2^2 + 2^3$ となり、15 = $2^4 - 1$ と合わせると式 $2^4 - 1 = 2^0 + 2^1 + 2^2 + 2^3$ ができる。この式は $2^n - 1 = 2^0 + 2^1 + 2^2 + \cdots + 2^{n-2} + 2^{n-1}$ のようにどんな自然数 n でも成立する。素数のメルセンヌ数は「メルセンヌ素数」と呼ばれ、現代の素数研究の最先端でも扱われている。2024 年現在で見つかっている最大のメルセンヌ素数は $2^{82589933} - 1$。

数史 ▍ マラン・メルセンヌ

17 世紀、$2^n - 1$ で表される素数を研究したフランスの学者。神学や音楽理論についても研究した。

 link 　自然数 /p.015、　二進法 /p.031、　n 乗 /p.066、　素数 /p.074、　整数論 /p.193

オイラーの定理
Euler's theorem

整数論の基本的な定理の1つで、わり算のあまりについての定理。この定理により、34桁の巨大な数である7^{40}の下2桁が「01」となることがわかる。下2桁が「01」ということは、1をひいた$7^{40}-1$の下2桁は「00」、つまり100でわり切れることになる。$1^{40}-1$，$3^{40}-1$，$7^{40}-1$，…と5の倍数以外のすべての奇数で同様に成立する。これを満たす奇数は100までに40あり、40乗の40と一致することもオイラーの定理の一部である。RSA暗号の原理として応用され、現代社会を見えないところで支えている。

剰余の定理

polynomial remainder theorem

次数が最も大きい項の係数が 1 である多項式 $P(x)$ を $x-a$ でわったあまりは $P(a)$ になるという定理。たとえば、x^2+3x+4 を $x-5$ でわったあまりは、5 を式に代入した数 $5^2+3\times5+4$ で 44 になる。剰余とはわり算のあまりを指す。数の計算において「わり切れる」とは「あまりが 0」であるため、素因数分解できることになる。たとえば $91\div7=13$ とわり切れるゆえ、$91=7\times13$ と素因数分解できる。同じように多項式のわり算では「わり切れる」は「因数分解できる」を意味し、これが剰余の定理の意義の 1 つになっている。

$$
\begin{array}{r}
x+8 \\
x-5\,\overline{)\,x^2+3x+4} \\
\underline{x^2-5x} \\
8x+4 \\
\underline{8x-40} \\
44
\end{array}
$$

$$P(x)=x^2+3x+4$$

$$P(5)=5^2+3\times5+4=44$$

🔗 link　素因数分解 /p.075、　係数 /p.085、　因数分解 /p.095、　関数 /p.144、
整数論 /p.193

モジュラー計算
modular arithmetic

わり算のあまりに注目する計算。17÷6、29÷6のあまり
はどちらも5になるため、17と29を「等しい」として
「17 ≡ 29 (mod 6)」と表現する。mod 6 は「6でわる」を
表している。mod は modular（モジュラー）の略でその
意味は「基準単位の」。$a \equiv 1 \ (\mathrm{mod}\ 7)$、$b \equiv 4 \ (\mathrm{mod}\ 7)$ の
とき、左辺と右辺それぞれをたして $a+b \equiv 5 \ (\mathrm{mod}\ 7)$ に
なる。これは1日が日曜となる月のカレンダーを想像する
と理解しやすい。a 日は左端の日曜、b 日は左から4番目
の水曜、$(a+b)$ 日は木曜になる。モジュラー計算は「曜日
だけの計算」のようなものだ。

Sun	Mon	Tue	Wed	Thu	Fri	Sat
1	2	3	4	5	6	7
8	9	10	11	12	13	14
15	16	17	18	19	20	21
22	23	24	25	26	27	28
29	30	31				

Sun   **+ Wed ≡ Thu (mod 7)**

∞ link　等式 /p.088，整数論 /p.193

暗号
cipher

ルールを知っている人だけが理解できるようにおこなう通信や保存の技術。前もって決めたルール「1文字ずらして読む」を知っている者は「いでを」が「うどん」だと理解する。このように文字をずらす方法はシーザー暗号と呼ばれる、簡単な暗号の1つ。暗号は、ルールを知っていればわかるが、知らなければわからないようにしないと役に立たない。その複雑化に代数などが使われる。第2次世界大戦時のドイツの暗号「エニグマ」と、それを解読したイギリスの数学者・チューリングの戦いは『イミテーション・ゲーム ―エニグマと天才数学者の秘密』（監督モルテン：ティルドゥム）で映画化された。

数史 **アラン・チューリング**

20世紀、イギリスの数学者、計算機科学者。人と人工知能の違いを判定する「チューリング・テスト」を提案した。

🔗 link　代数 /p.097,　モジュラー計算 /p.197,　コンピュータ /p.287,
　　　　　RSA暗号 /p.321

#3　数学の純粋と応用

　ある地域にいる野生のウサギの個体数の増減を考えよう。親が子を産み、その子がまた子を産む。理想的な環境であれば時間と共に数が増えるだろう。だが、増え過ぎれば1匹当たりのエサが減って共倒れとなり、減少傾向につながる。キツネなどの外敵に捕食されても数は減る。キツネの増減も考慮に入れれば、ウサギの数は複雑な推移を見せる。

　個体数の変化は、横軸を時間、縦軸を個体数とするグラフを使うとわかりやすい。個体数に限らず、ものごとの増減の様子は接線の傾き、つまり微分で表すことができる。数学の言葉を使えば、エサの食べ尽くしによる「増え過ぎると減少傾向になる」は「yが増えると接線の傾き y' がマイナス」となる。

　数やグラフなどの性質を考える数学に対して、実際の現象を扱う数学を「応用数学」と呼ぶときがある。ウサギとキツネのこの例は微分を扱う数学、微分方程式である。つまり、微分方程式は応用数学の1つといってもよい。応用数学に対して、現実世界の応用は気にせず、数の世界そのものを対象とする数学を「純粋数学」という。20世紀の数学者、G.H. ハーディは「『想像上の』宇宙は、おろかに築かれた『現実の』宇宙よりずっと美しい」と純粋数学をたたえる。その一方で、算数や数学の教科書には日常を題材とする応用問題が載っている。

　純粋数学と応用数学、どちらが重要と思うかは人それぞ

れであり、優劣に答えはないと思う。普通に考えれば理論が先、応用が後だが、ここでおもしろいのは、応用数学の研究が新しい純粋数学を生むことがあることだ。たとえば「ウサギとキツネ」の微分方程式もその1つ。いわば「応用の最先端が新しい理論」となるこの状況は、数学が数の世界を一度飛び出し、戻ってまた数の世界を豊かにしたともいえる。ハーディは純粋数学と応用数学について「その違いは実用性にまったく関係がない」とも述べた。数の世界か現実の世界かは便宜上の区別であり、発想や発展の源に内も外もないということだろう。

Chapter 4

近代後期

Late Modern

数学者
mathematician

数学を研究する人。歴史に名を残す数学者の多くは天文学や物理学、あるいは哲学の功績もあり、その多才さを称賛される。これは 19 世紀ごろまでは数学とほかの学問との区別がなかったことがその理由だろう。現代では新しい証明に挑むのが狭い意味での数学者だが、資質に恵まれたそんな人物のみでなく、多くの数学愛好家も含めて数学者と呼ぶほうがふさわしいと思う。数学者といえば「紙とペン」を彷彿とさせる。その一方で、現代ではコンピュータを使って研究する数学者もいる。「数学のノーベル賞」とされるフィールズ賞には、40 歳以下の年齢制限がある。

数史 **フィールズ賞**

1936 年に作られた数学の最高の栄誉。数学部門がないノーベル賞は業績ごと、年齢制限なし、約 1 億円の賞金に対して、フィールズ賞は人物ごと、40 歳以下、約 200 万円の賞金となっている。

集合
set

数などの集まり。「6 の正の約数の集まり」は集合であり、
$\{1,\ 2,\ 3,\ 6\}$ と表す。$\{x \mid x$ は 6 の正の約数$\}$ のような表
現もあり、これらは同じ集合を指す。日常で使うときの
「集合」と異なり、数学用語としての「集合」は間違えよ
うのない定義を必要とする。たとえば「1 に近い数の集ま
り」はあいまいなため、数学における集合とはみなされな
い。厳密な話をするためには、事前に厳密な定義が必要、
集合はその道具である。数学者やちょっと理屈っぽい人が、
日常的な会話でも「その定義は？」と聞いてしまうのは、
これと関連している。

集まりを整理する

「ネコの集合」に対して「『ネコの集合』以外」も集合であ
り、ネズミや小鳥はそのメンバーだ。「《『ネコの集合』以
外》以外」は「ネコの集合」と同じ集合を表すが、これは
反対の反対が賛成となることと等しい。整理することが数
学の目的だとすれば、数でなくても数学の対象となる。な
ぜならば「ネコ」と「ネコ以外」を区別、整理するからだ。
「『偶数の集合』以外」は「奇数の集合」、「《『偶数の集合』
以外》以外」は「偶数の集合」。数でも同じことが起きて
いる。数学からみればネコも偶数も同じである。

∞ link　偶数・奇数 /p.024,　倍数・約数 /p.026,　数学者 /p.204,
ベン図 /p.208,　無限集合 /p.209,　空集合 /p.210,　数学基礎論 /p.300

ベン図
Venn diagram

集合を表す図。一部が重なった左右2つの円のうち、左の
円の内側を「家にいるのが好きな人」、右の円の内側を「ゲー
ムが好きな人」とすると、2つの円が交わった中央の部
分は「家もゲームも好きな人」になる。右の円にだけ含ま
れる部分は「家は好きではなく、ゲームは好き」となり、
左右の円のどちらにも含まれない部分は「家もゲームも好
きではない」になる。2つの集合によって4つ、3つの集
合では8つ、n 個の集合では 2^n 個の部分に分けられる。ベ
ン図は情報や考えごとの論理的な整理に役に立つ。ベン図
使いは論理マスターといっていいと思う。

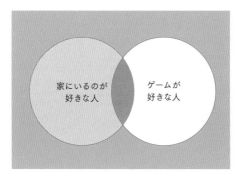

家にいるのが
好きな人

ゲームが
好きな人

🔗 link　対偶 /p.116,　グラフ /p.175,　集合 /p.206,　真理値 /p.289

無限集合
infinite set

要素が無限にある集合。「すべての正の整数の集合」「すべての偶数の集合」「0以上1以下のすべての実数の集合」などはどれも無限集合。「すべての正の整数の集合」は{1, 2, 3, 4, …}と表し、「…」が無限を担う。無限集合の反対語は「有限集合」、{1, 2, 3, 4}がその例。無限集合が有限の文字の並びで表現できてしまうのは不思議といえば不思議だ。無限集合から1つを取り除いても無限集合のままとなるが、では、いくつ取り除くと無限集合でなくなるか？ この疑問は「砂山のパラドックス」や「ヒルベルトのホテル」につながる。

135

空集合
empty set

何も含まない集合を空集合という。∅や{ }で表す。「2でわり切れる奇数の集合」や「2乗が負となる実数の集合」は、どちらもそのような数がないので空集合となる。「何もない」を表す空集合は、「何もない」を示す数0に相当する。たとえば数の計算0＋5＝5と、空集合と集合{1, 2, 3, 4, 5}を合わせた集合が変わらず{1, 2, 3, 4, 5}であることは似ている。つまり空集合は集合の操作で0の役割を果たす。0が計算で不可欠なのと同様に、空集合は数学において欠かすことができない。

210

連続体仮説

continuum hypothesis

1、2、3、…と続く自然数と、小数で表される実数はどちらも無限にあるが、自然数の次に多くあるのが実数であるという仮説。「連続体」とは実数のことを指す。そもそも無限の中にも多い、少ないがあることはあまり知られていない。実際は、「スカスカな」自然数と比べて、「みっちり詰まった」実数のほうが圧倒的に多く、そのあまりの差ゆえ自然数の次の無限が実数かどうかに論争があった。カントールによるこの仮説は 1963 年に、現在の標準的な数学では「正しいとも正しくないともいえない」と証明された。つまり「スカスカ」と「みっちり」のあいだに別の無限があってもなくてもいいことになった。

link　自然数 /p.015,　濃度・密度 /p.042,　無限 /p.073,　証明 /p.112,　実数 /p.138,　数直線 /p.176,　対角線論法 /p.302

序数・基数
ordinal number・cardinal number

順番を表す数を序数という。順序数とも。漫画の第「5」巻は5番目を表すので序数。一方、漫画が「5」冊あるときの5は順番でなく個数を表す。これを基数という。「何番目」と「何個」に語るほどの差はなさそうだ。しかし無限の話になると様子が変わる。1、2、3、…と数えていき、無限にまでたどり着いたとしよう。たどり着いた無限をここでは ω とする。ω の次は $\omega+1$。よって序数としては $\omega < \omega+1$ だが、基数としては $\omega = \omega+1$ になる。そんなバカな、と思いつつも証明できてしまう。無限を考えると頭がボーッとする。もう少し踏み込んで考えてもやっぱり変だ。

ペアノの公理
Peano axioms

自然数 0、1、2、3、…を定義する公理の体系。「0 がある」「自然数の次には自然数がある」などの 5 つの公理からなる。ペアノの公理で自然数の計算や性質を厳密に再定義したが、そのポイントとなったのが「次の数」。たとえば自然数 n の次の数を $s(n)$ と表し、これを使って $1+1=2$ を考え直すと $1+1=1+s(0)=s(1+0)=s(1)$。この最後の $s(1)$ は「1 の次」、すなわち 2 となる。当たり前のような気もするが、これは直線や平行など、平面図形を定義するユークリッド幾何学の公理の当たり前さと似ている。当たり前は難しい。

⊖ link　自然数 /p.015, 0 /p.016, 等式 /p.088, ユークリッド幾何学 /p.100
証明 /p.112, 数学的帰納法 /p.118, 関数 /p.144

交換法則
commutative law

2＋3と3＋2がどちらも5となるように、2つの数を入れ
替えて計算してもよいという法則。たし算とかけ算で成立
する。当然のように思えるが、行列では、たし算で成立し
てもかけ算では成立しない。数のひき算やわり算でも成立
せず、習慣になっているだけでいつでも交換できるわけで
はない。ハンバーグと付け合わせの人参のどちらを先に食
べるかは、人によっては大問題だ。順番を考えるとは
$x＋y$と$y＋x$を区別すること。つまり行列のかけ算のよう
に交換法則が成立しない数学を知ると、食べる順番を数学
的に考えられるようになるかもしれない。

link 加減乗除 /p.018, 暗算 /p.072, 行列 /p.180, 結合法則 /p.215, 群 /p.280

結合法則
associative law

$(5 \times 6) \times 7$ と $5 \times (6 \times 7)$ がどちらも 210 となるように、計算の順番を無視してよいことをいう法則。たし算とかけ算で成立し、文字で表すと $(a+b)+c = a+(b+c)$、$(ab)c = a(bc)$。最初の例ではそれぞれ 30×7、5×42 となり、計算の簡単さが異なる。交換法則、結合法則のほかに分配法則 $(a+b)c = ac+bc$ がある。計算や暗算が得意な人はこれらを上手に使う。$(2^3)^4$ は 4096、$2^{(3^4)}$ は 25 桁の巨大な数と異なるように、n 乗では結合法則が成立しない。親しんでいる計算法則がどんな世界でも成立するわけではない。いろいろな数学を知ることは、表現力を豊かにする。

link　加減乗除 /p.018，　n 乗 /p.066，　暗算 /p.072，　等式 /p.088，
交換法則 /p.214

曲線
curved line

曲がっている線。点をすき間なく並べたものが線であり、2点間の最短距離を結ぶ線を直線、直線以外の線を曲線という。曲線といえば、なめらかなものを想像するだろう。なめらかとはとがった部分がない状態を表し、数学ではそれを微分可能という。絹のように触ってもチクチクしないものが「なめらか」、ウールのようにチクチクするものが「とがった」に相当する。すべての場所でチクチクしているワイエルシュトラス関数は、なめらかさのもっとも対極にある。そのため「病的な関数」といわれる。

曲線のグループ

曲線にはいくつかのグループがある。円とだ円、双曲線、放物線の3つはまとめて「円すい曲線」というグループを作る。$\sin \theta$ と $\cos \theta$ が作る波の曲線、指数関数・対数関数が描く曲線もそれぞれグループにまとめられそうだ。2次関数、さらに3次、4次と続く n 次関数のグラフも1つの曲線のグループになる。このグループの特徴はその曲がる回数。2次関数は1回、3次関数は最大2回、n 次関数は最大 $(n-1)$ 回曲がる。これらのほかにも多くの曲線があるが、どんな曲線でも曲がり方を測るのは微分。微分がなければ紆余曲折もままならない。

🔗 link　直線 /p.034,　円 /p.054,　2次関数 /p.148,　だ円 /p.150,　放物線 /p.152,　円すい曲線 /p.154,　微分 /p.156

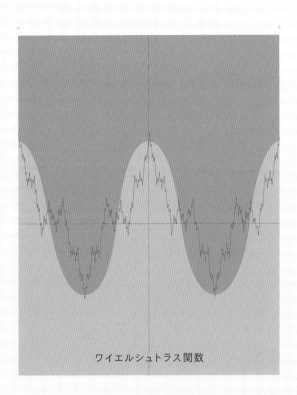

ワイエルシュトラス関数

217

非ユークリッド幾何学
non-Euclidean geometry

ユークリッド幾何学の平行線に関するルールを変える幾何学。ユークリッド幾何学の5つのルールのうち、平行線のルールは「直線 *l* が通らない1点を通り、*l* に平行な直線はただ1つ」と複雑だったため、よりシンプルな言い換えや残りの4つのルールからの証明が検討されていた。ユークリッド幾何学の成立から約2千年後の19世紀に「このルールはなくてもよいのでは?」と発想の転換がおき、非ユークリッド幾何学が生まれた。平行線が交わるなど「ちょっとおかしな幾何学」だが、ユークリッド幾何学が唯一の幾何学でないことを示した。

平行線が交わる世界

平行線が交わると何が起きるか? 水平な地面から垂直にのびる2本の樹を想像しよう。この2本の樹は平行となるが、平行線が交わる世界では、2本の樹もどこかで交わってしまう。こうして2本の樹と地面の3つの直線で三角形ができあがる。その3つの角は、地面と樹が作る90°の角が2つと、2本の樹が交わる角である。2本の樹が交わる角度を $x°$ として3つの角度をたすと $(180+x)°$。x は0より大きいので、三角形の内角の和は180°を上回る。非ユークリッド幾何学には、そんな三角形が存在する。

🔗 link　三角形 /p.044,　ユークリッド幾何学 /p.100,　平行 /p.102,　だ円幾何学 /p.220,　双曲幾何学 /p.221,　リーマン幾何学 /p.222

だ円幾何学
elliptic geometry

非ユークリッド幾何学の1つ。ユークリッド幾何学の平行線のルール「直線 *l* が通らない1点を通り、*l* に平行な直線はただ1つ」を「平行線は必ず交わる」に置き換える幾何学。球面上の幾何学をイメージするとよい。地球儀の経線は、地球儀の表面にグッと顔を寄せて見ればたしかに直線であり、赤道近くでは、2本の経線は平行線のように見える。ではあるが、どの2つの経線も北極点と南極点で必ず交わる。こうして「必ず交わる平行線」を実感できる。経度が0°、90°の2つの経線と、赤道の3つの直線が作る三角形の3つの内角をたすと270°になる。

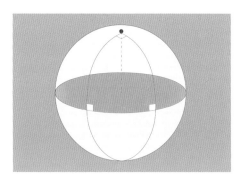

🔗 link 三角形 /p.044, 平行 /p.102, 非ユークリッド幾何学 /p.218,
リーマン幾何学 /p.222

双曲幾何学
hyperbolic geometry

144

非ユークリッド幾何学の１つ。ユークリッド幾何学の平行
線のルール「直線 *l* が通らない１点を通り、*l* に平行な直
線はただ１つ」を「直線 *l* に平行な直線が２本以上ある」
とする幾何学。双曲幾何学は凹んだ曲面上で展開される。
たとえば、中華鍋を真上から見たときに直径にあたる直線
l と、左右どちらかの２つのふちを、直線 *l* を横切らずに
鍋肌を下がりながら結んだ直線 *m* は「平行」とされる。
このような直線 *m* は無数にあり、それが「平行な直線が
２本以上ある」ことを意味する。双曲幾何学の三角形は、
内角の和が 180°より小さくなる。

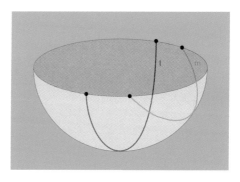

∞ link　三角形 /p.044,　平行 /p.102,　非ユークリッド幾何学 /p.218,
　　　　リーマン幾何学 /p.222

リーマン幾何学
Riemannian geometry

ユークリッド幾何学、だ円幾何学、双曲幾何学を合わせた総称。この３つの幾何学は平行線のルールのみが異なり、それ以外のルールは同じ。平面を平面のままで考えるのがユークリッド幾何学、手前に膨らんだ曲面で考えるのがだ円幾何学、奥に凹んだ曲面で考えるのが双曲幾何学である。図形を平面上で考えるか、曲面上で考えるかは大きく違い、一緒に扱うことに違和感があるかもしれない。しかし、そう思う人は、平らに見える校庭が地球という球面上にあることを思い出してほしい。平面という理想的な土台にとらわれず、幾何学の可能性を広げたのがリーマン幾何学だ。

「長さ」と「角度」があればいい

幾何学に必要なものは何だろうか。三角形の１辺や円の大きさは長さで測る。もう１つは角度。角度がなければ、直角以外はすべて「ななめ」となってしまい、大ざっぱすぎる。面積や体積を考えるには「長さ」と「角度」の２つがあれば十分である。土台となる面や空間が曲がっていても問題ない。それが、リーマン幾何学が成立する理由といえる。観測によると宇宙はグニャグニャとゆがんでいて、長さも角度も私たちが知っているものとは違うらしい。リーマン幾何学は宇宙の果てを考える最先端の物理学と仲がよい。

数史 ゲオルク・ベルンハルト・リーマン

19世紀ドイツの数学者。リーマンが最初に入学し、やがて教授を務めた
ドイツのゲッティンゲン大学にはリーマンの師にあたるガウスのほか、ク
ライン、ヒルベルトなど多くの才能が集まった。

∞ link　ユークリッド幾何学 /p.100,　非ユークリッド幾何学 /p.218,
　　　　　　　だ円幾何学 /p.220,　双曲幾何学 /p.221

次元
dimension

空間の広がりを表す数。平らなグランドでは前後と左右の2つの方向に自由に動けるので、グランドのような平面は2次元と表される。まっすぐなレールの上を動く列車は前後にしか動けない。よって直線は1次元。私たちの空間は前後と左右に上下を加えた3次元となる。その次、4次元は前後、左右、上下にさらに時間を加えるのが一般的。n次元空間の座標はn個の数で表現できる。無重力空間では真に3次元的な動きができるが、地上での暮らしは、重力で地面に押さえつけられているため、上下の移動は制約がある。つまり私たちはどちらかというと2次元世界の住民だ。

階数
rank

行列の特徴を表す数。ランクとも。行列の性質を大きく変えない「基本変形」で、左下をできるだけ0にした行列において、0でできる階段の段数。たとえば左の行列を基本変形した右の行列は0でできた行が2行あるので、階数は2である。

$$\begin{bmatrix} 1 & 2 & 3 & 4 \\ 2 & 3 & 4 & 5 \\ 4 & 6 & 8 & 10 \end{bmatrix} \qquad \begin{bmatrix} 1 & 2 & 3 & 4 \\ 0 & -1 & -2 & -3 \\ 0 & 0 & 0 & 0 \end{bmatrix}$$

左の行列は上から順に連立方程式 $x+2y+3z=4$、$2x+3y+4z=5$、$4x+6y+8z=10$ を表すが、3番目の式は2番目の式の両辺を2倍した式であり、新しい情報を含まない。このように、階数は行列がもつ情報の数を示し、幾何との関連では直線や平面などの次元と一致する。

🔗 link   直線 /p.034、 平面 /p.036、 空間 /p.037、 連立方程式 /p.093、
行列 /p.180、 次元 /p.224

無限級数
infinite series

無限に並ぶ数の列の和。$\frac{1}{2} + \frac{1}{4} + \frac{1}{8} + \cdots$ など。無限にたし続けることは実際にはできないが、いくつかたしたうえでの推測や、小さい数を無視することで無限級数を考えることができる。厳密に求めるときには有限までの和を考え、それを無限化する。冒頭の例では、n 番目までの和は $1 - \frac{1}{2^n}$ となり、ここで n を無限に大きくすると $\frac{1}{2^n}$ が限りなく0に近づき、無視できる。したがって $\frac{1}{2} + \frac{1}{4} + \frac{1}{8} + \cdots$ の値は1となる。自然数の和 $1 + 2 + 3 + 4 + 5 + \cdots$ は無限に大きくなるが、複素関数であるゼータ関数を使って計算するとこの値は $-\frac{1}{12}$ になる。

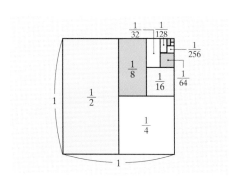

テイラー展開
Taylor expansion

関数のおよその値を計算する方法。三角関数など、具体的
な値が求めにくい関数の値を x、x^2、x^3 などを使って求め
る。三角関数 $y = \sin x$ のグラフは水平に進む波形になる。
このなめらかな曲線を、複数の短い線分をつないだギザギ
ザの曲線で表すのが、もっともシンプルな $y = \sin x$ のテ
イラー展開である。1つ1つの短い線分は1次関数で表さ
れ、これに3次関数、5次関数、…と項を加えて調整する
ことで、ギザギザの線はもとのなめらかな波に近づく。式
で表せば $\sin x = x - \dfrac{1}{3!}x^3 + \dfrac{1}{5!}x^5 - \dfrac{1}{7!}x^7 + \cdots$、この式に
$x = 1$ を代入すると $\sin 1 = 0.8414\cdots$ と計算できる。

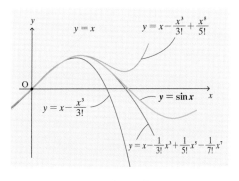

🔗 link　階乗 /p.083、　三角関数 /p.122、　関数 /p.144、　微分 /p.156、
曲線 /p.216

ニュートン法
Newton's method

曲線と x 軸の交点の x 座標を求める方法。方程式や曲線の形はわかるが、方程式を解くのが難しいときに有効。少しずつ天井が低くなり、やがて水平な地面とくっつく洞窟を想像しよう。この洞窟のある地点から洞窟の奥へと水平方向に勢いよくボールを投げると、ボールはどこかで天井にぶつかり、跳ね返ったボールは地面に向かう。球速が十分であれば、地面でまた跳ね返り、再度天井に向かって進む。この繰り返しにより、条件次第でボールは洞窟の最深部、天井と地面が交わる地点まで到達する。これがニュートン法のイメージだ。大ざっぱにいえば、跳ね返るボールの軌道が接線や微分に対応する。

数史 アイザック・ニュートン

17 ～ 18 世紀、イギリスの学者。ライプニッツと並ぶ微分・積分の始祖。イギリスの公共放送局での投票「100 名の最も偉大な英国人」では第 6 位にランクイン。

link　方程式 /p.090，微分 /p.156，デカルト幾何学 /p.174，曲線 /p.216

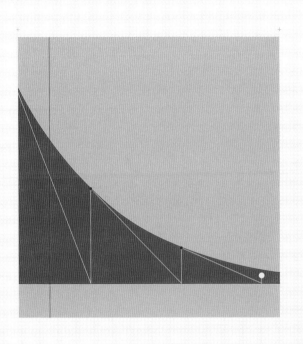

振動
oscillation

$1, -1, 1, -1, \cdots$ のように数の並びを規則的に繰り返すこと。少し複雑な $2, 5, 2, -1, 2, 5, 2, -1, \cdots$ も振動の 1 つ。振動はサインやコサインなどの三角関数と相性がよく、先の例もそれぞれ $\cos(180° \times n)$、$3\sin(90° \times n)+2$ と三角関数で表せる。振動はメトロノームなどの振り子をイメージするとよい。実際の振り子は摩擦や空気抵抗で少しずつ動きが小さくなる。この現象を減衰（げんすい）といい、減衰も三角関数で表すことができる。振動 = 三角関数といっても過言ではない。

◯◯ link　数列 /p.028,　三角関数 /p.122,　曲線 /p.216,　収束・発散 /p.232,
　　　　　最大・最小 /p.254

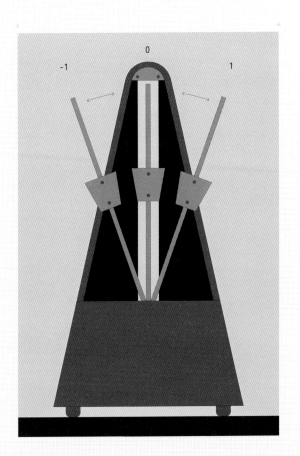

収束・発散
convergence・divergence

数列がある値に近づき続けるとき、その数列は「収束する」という。たとえば自然数の逆数の数列 $\frac{1}{1}$，$\frac{1}{2}$，$\frac{1}{3}$，$\frac{1}{4}$，… の値はどんどん小さくなり0に近づく。よってこの数列は「0に収束する」という。数列が収束せずに大きく、あるいは小さくなることを、その数列は「発散する」という。2倍を繰り返す数列 $1, 2, 4, 8, …$ は正の無限大に発散、2ずつ小さくなる数列 $-2, -4, -6, -8, …$ は負の無限大に発散する。収束する数列では、隣り合う2つの数の差は0に近づくが、発散する数列ではそうならない。この性質が収束や発散を考える方法の1つ。

数列の行くすえ

数列の行くすえはグラフでみるとわかりやすい。横軸を数列での順番、縦軸を数列の値とすると、数列 $\frac{3}{1}$，$\frac{5}{2}$，$\frac{7}{3}$，$\frac{9}{4}$，…はグラフの右のほうで y 座標が2に近づく。これが「2に収束する」を表す。2倍を繰り返す数列 $1, 2, 4, 8, …$ や、2ずつ小さくなる数列 $-2, -4, -6, -8, …$ は右上や右下にのび続ける。これが発散するグラフの特徴。数の行くすえは収束や発散だけではない。たとえば $1, -1, 1, -1,$ …と2つの値を繰り返す数列は振動と呼ばれる。収束、発散、振動以外に、数列の行くすえはあるだろうか?

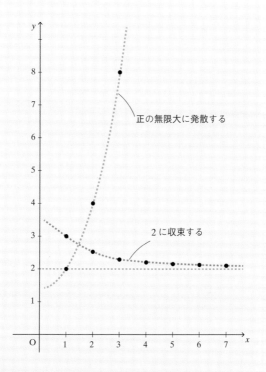

正の無限大に発散する

2 に収束する

ガウス平面
Gauss plane

複素数で表す 2 次元平面。複素平面、複素数平面ともいう。
1 つの複素数とデカルト平面上の 1 つの点は同じとみなせ
る。たとえば $3+4i$ には点 $(3, 4)$ が対応する。ガウス平面
の横軸を実軸、縦軸を虚軸という。複素数 $a+bi$ において
$b=0$ とすると $a+0i = a$、よって複素数はただの実数にな
り、対応する点は実軸上に位置する。すなわち、ガウス平
面の実軸は通常の数直線にあたる。言い方を変えれば、左
右にのびる数直線を上下に広げたのがガウス平面である。
デカルト平面はベクトルと、ガウス平面は極座標と相性が
よい。

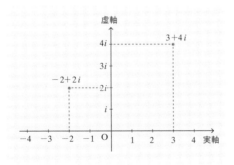

デカルト平面とガウス平面の使い分け

デカルト平面とガウス平面は 2 次元平面を表す別の表現だ。デカルト平面は平行移動、ガウス平面は回転運動を表すのに適している。原点 $(0, 0)$ から東に 2、北に 3 の地点にゴミが落ちているとしよう。その位置をデカルト座標で表せば $(2, 3)$、複素数で表せば $2+3i$。このゴミを東に 10、北に 10 の位置にあるゴミ箱に最短距離で移動させるには、ベクトル $(8, 7)$ をたせばよい。$(2, 3)+(8, 7)=(10, 10)$ というベクトルのたし算だ。別のごみ箱が 45°回転したところにあった場合、そこに入れるには 45°の回転を表す複素数 $\frac{1}{\sqrt{2}}+\frac{1}{\sqrt{2}}i$ を $2+3i$ にかければよい。

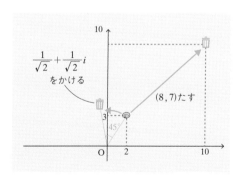

🔗 link　実数 /p.138,　デカルト座標 /p.172,　数直線 /p.176,　極座標 /p.177,　ベクトル /p.178,　複素数 /p.184,　複素関数 /p.236

複素関数
complex function

複素数を対象とする関数。たとえば「2倍する」という関
数が、複素数$3+4i$に対して$6+8i$を返すとき、この関数
は複素関数とみなされる。複素関数に対して、実数のみを
扱う関数を実関数というときがある。実数は数直線上の点
で表されるため、実関数は数直線上の点から点への対応だ。
一方、複素数は平面上の点で表されるため、複素関数は平
面上の点から点への対応になる。たとえば1をiに、$3+4i$
を$-4+3i$にする複素関数「i倍する」は、平面において原
点を中心とする$90°$の回転移動を表す。実際に1やi、
$3+4i$、$-4+3i$を平面上の点で表すと理解が深まる。

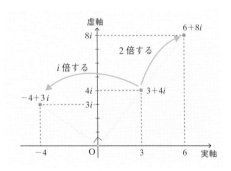

∞ link　実数 /p.138，複素数 /p.184，ガウス平面 /p.234，複素解析 /p.237
リーマン予想 /p.325

複素解析
complex analysis

複素関数の微分や積分などの総称。複素数$-\dfrac{4}{3}+5i$には$-\dfrac{4}{3}$と5の2つの実数がみられるように、複素関数は2つの関数でできている。「2つある」ことは2次元平面と馴染みがよく、したがって複素解析は2次元図形の分析で役に立つ。x、yの2つの座標はそれぞれコサインとサイン、さらにこの2つの三角関数は指数関数に結びつく。こうして複素解析で主要な関数が一堂に会する。穴も大きなゴミもないフローリングの床にリボンで輪を作る。輪の一端をつかみ、スッと引くと、どのような輪でもするすると回収できる。複素解析ではこれを「積分が0」と表す。

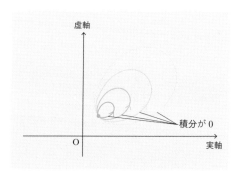

フーリエ級数展開
Fourier series expansion

複雑な波を複数の規則的な波に分ける方法。ある波形に、その半分のリズムで上下に動く波形をたすと、その動きは大小2つずつの山と谷がある複雑な波になる。この複雑な波からもとの2つの単純な波に戻すのがフーリエ級数展開である。無数の波を上手にたし合わせると山頂と谷底がどちらも水平な直線の波を作ることができる。直線状の波を0か1かのデジタルと考えると、なめらかな曲線の波はアナログ。デジタルを決断、アナログを優柔不断と言い換えれば、フーリエ級数展開は決断と優柔不断をつなぐ数学といえそうだ。

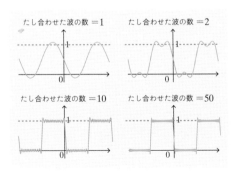

たし合わせた波の数＝1

たし合わせた波の数＝2

たし合わせた波の数＝10

たし合わせた波の数＝50

🔗 link　三角関数 /p.122，曲線 /p.216，テイラー展開 /p.227，
　　　　　コンピュータ /p.287

ラプラス変換
Laplace transform

微分や積分の計算を簡単にする方法。電気回路や機械の制御を表す微分方程式を解くときに有効。複雑な関数の微分や積分は難しく、とくに積分は計算技術が必要なだけでなく、そもそもできないことも多い。ラプラス変換は微分をかけ算の式に、積分をわり算の式にするため計算が簡単になり、特別な計算技術が不要になることがある。距離や速度、時間で表される「実数の世界」のできごとをラプラス変換で「複素数の世界」に移し、そこで計算をしてまたもとの「実数の世界」に戻すというイメージ。ラプラスは18世紀の数学者の名前。

∞ link　実数 /p.138，関数 /p.144，微分 /p.156，微分方程式 /p.158，
積分 /p.160，複素数 /p.184

ガンマ関数
gamma function

階乗に負の数や分数、複素数を代入できるようにした関数。ハンバーグ、ポテト、人参の3つの食べる順番は、階乗 $3! = 3 \times 2 \times 1$ で6通りとなる。階乗は「与えられた数から1まで、1ずつひいて、それらすべてをかける計算」なので、このままでは負の数や分数の階乗は考えられない。これを担うのがガンマ関数である。この式に $\frac{1}{2}$ を代入すると $\sqrt{\pi}$ になる。これはいうなれば $\left(\frac{1}{2}\right)! = \sqrt{\pi}$ であり、$\frac{1}{2}$ 品のメニューの食べる順番は $\sqrt{\pi}$ 通りとなる。そんな料理店があれば行ってみたい。

デルタ関数

「クロネッカーのデルタ」を拡張した関数。クロネッカーのデルタ δ_{ij} は正の整数 i と j が同じ数のとき1、それ以外は0となる。たとえば $\delta_{22} = 1$、$\delta_{34} = 0$ である。クロネッカーのデルタでは i や j には正の整数しか代入できないが、デルタ関数は実数も代入できる。ガンマ関数やデルタ関数のように、数学ではもとの性質を維持したまま適用範囲を広げることがしばしば起こる。拡張してどうなるの? と思うかもしれないが、ガンマ関数は複雑な積分を簡単にし、デルタ関数は空間に漂う1粒の粒子を数式で表す。一見では意味のなさそうな拡張から、意外な恩恵が得られる。

偏微分
partial differentiation

2つ以上の変数をもつ関数において、ある変数以外を定数とみなして、その1つの変数のみでおこなう微分。たとえば $y = 4x^3$ の微分は $y' = 12x^2$ になるが、$y = a^2x^3$ の微分が $y' = 3a^2x^2$ になるとは限らない。なぜならば $y = 4x^3$ の4は定数だが、$y = a^2x^3$ の a^2 は変数とも考えられるからだ。$y = a^2x^3$ を a と x の2つの変数とみるとき、a による偏微分が $2ax^3$、x による偏微分が $3a^2x^2$ となる。2つの変数の関数で3次元の山を描くことができる。微分が山の傾斜を表すことと合わせれば、偏微分を使って傾斜が楽なルートがわかるようになる。

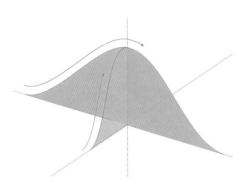

⌁ link　文字式 /p.064, 関数 /p.144, 微分 /p.156, 最大・最小 /p.254

確率
probability

ものごとが起こる可能性を示す値。0から1までの数で表し、必ず起こるときは1、起こらない場合は0とする。コインを投げて表が出る確率は $\frac{1}{2}$、じゃんけんで相手がでたらめにグーを出す確率は $\frac{1}{3}$。2人のじゃんけんでは、勝ち、負け、あいこの確率はどれも $\frac{1}{3}$ であり、勝敗がつくまで繰り返す場合は勝ちと負けの確率はどちらも $\frac{1}{2}$ になる。一方、プロ棋士と初心者が将棋をするとき、初心者が勝つ確率はほぼ0だろう。「勝ちと負けの2つだから確率は $\frac{1}{2}$」は正しくない。毎朝気になる降水確率は「気圧配置などの条件が同じとき、1mm以上の雨が降る確率」。

確率の役割

サイコロが本当に正六面体かはわからない。安物の粗悪品は正確でないかもしれないし、サイコロ内部の密度も確率に影響しそうだ。1から6までの数が厳密に $\frac{1}{6}$ ずつ出るとしたうえでどうするのがよいか。それを考えるのが確率の役目だ。たとえば大小2つのサイコロを振って出た目の積は、「5以下の数」と「奇数」ではどちらのほうがなりやすいか。これを考えるのに使用するサイコロが厳密な正六面体かは重要でない。サイコロを振らなくても、あるいはサイコロがなくても、それはわかるのである。

🔗 link　百分率 /p.133,　分数 /p.134,　統計 /p.246,　乱数 /p.294,
ベイズ推定 /p.316,　モンティ・ホール問題 /p.320

理論値
theoretical value

物理や化学などで扱う理論上の値。地球上のすべての物体には重力がはたらいている。この重力に関する値、重力加速度は 9.8 とされるが、実験でそれを測ってもきっちりその値が出るほうが少ない。数式や理屈から導かれる値を「理論値」、実験で実際に求まる値を「測定値」や「実測値」という。測定値は測定ごとにばらつきがあるため、平均や分散などの統計的な処理をする。理論値と測定値のずれは測定の技術や機器の精度などが原因となる。測定値と理論値の値が近いとき「フィットする」といい、科学者や技術者が喜ぶ瞬間。

∞ link　有効数字 /p.245、統計 /p.246、回帰分析 /p.250

有効数字
significant figures

測定した値の表現方法。cm までの目盛がついた定規 A、mm までの目盛がついた定規 B で机の幅を測ると A では 157 cm、B では 157 cm 0 mm となった。A の値 157 cm に対して、B の値を 157.0 cm と表し、有効数字はそれぞれ 3 桁、4 桁であるという。同じ測定値でもどこで四捨五入したかによって有効数字は異なる。たとえば 12.3456 を小数第 2 位で四捨五入すれば 12.3、小数第 4 位で四捨五入すれば 12.346 となり、有効数字は 3 桁と 5 桁になる。大さじ 1 杯の砂糖は約 10 g。体重の有効数字としては無視できる量だが、心理的にはどうだろうか？

link　四捨五入 /p.082，理論値 /p.244，統計 /p.246

統計

statistics

数の集まりの特徴を数量で表すための分野。Aさんは身長175cm、体重80kg、年齢20歳。これらの値はAさんの特徴の一部であり、会ったことがない人でもこれらの数でAさんを想像できる。Aさんが通っている空手教室のそれぞれにも年齢、身長、体重の数があるが、バラバラな数のままでは教室全体をイメージするのは難しい。教室の人数や、各データの平均、分散など教室全体をイメージできる数を求めるのが統計の役割だ。となりの柔道教室との比較など、複数の集まりを比較するときは共分散、相関係数などが用いられる。

数の集まりの科学

最近よく耳にするデータサイエンスは、「数の集まり（データ）の科学（サイエンス）」、つまりほぼ統計のことだ。試験の平均や偏差値は統計。これらで一喜一憂という話は昔からある。株価や為替、夕飯のおかずの品数でも右往左往するかもしれない。これらの感情と、それによる行動や方針の変更もデータに任せてしまおう、というのがデータサイエンスの目指す先にある。統計と、大量の計算ができるコンピュータ、これらを合わせたのが人工知能。統計や人工知能が身近な存在になっていくのもこう考えると頷ける。

∞ link　平均 /p.132,　行列 /p.180,　確率 /p.243,　分散 /p.248,　共分散 /p.249,
　　　　　回帰分析 /p.250,　標本調査 /p.251

164 分散
variance

数のばらつき具合を表す値。A さんの英語の試験の点数は
55、60、70、50、65、国語は 90、50、50、80、30 であ
った。平均点はどちらも 60 だが、英語のほうが平均に近
い値が多く、国語はばらつきがある。「それぞれの値と平
均の差」で個々のばらつきを表し、それらを 2 乗し平均し
たものが分散である。英語の点数では

$$\frac{(55-60)^2+(60-60)^2+(70-60)^2+(50-60)^2+(65-60)^2}{5}=50、$$

同様の計算で国語は 480 となり、ばらつきが大きい国語の
ほうが大きい値になる。くじでいえば分散が小さいほど堅
実派、分散が大きいほど勝負師向き。分散のプラスの平方
根を標準偏差といい、試験でお馴染みの偏差値はこの標準
偏差と平均によって決まる。

link　平均 /p.132、　統計 /p.246、　共分散 /p.249、　回帰分析 /p.250

165

共分散
covariance

2 種類のデータの関係を表す値。A さんは国語の成績も数学の成績もよく、B さんは国語も数学も平均点、C さんは国語も数学も残念だ。この 3 人では「国語の成績がよいと数学の成績もよい」といえ、国語と数学の共分散は正の値になる。また、英語の成績もみれば A さんはいまいち、B さんはまたしても平均点、C さんは良好であった。つまり「国語がよいと英語は悪い」となり、国語と英語の共分散は負の値を示す。共分散を 1 から −1 のあいだの数に変換した値を相関係数という。3 人の例では、国語と数学の相関係数は 1 に近い値、国語と英語では −1 に近い値になる。

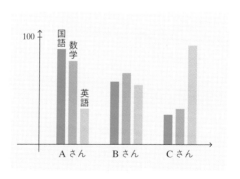

🔗 link　平均 /p.132,　統計 /p.246,　分散 /p.248

回帰分析
regression analysis

2種類のデータ間の傾向を直線で示すこと。一般に「身長が高ければ体重も重い」といえるので、身長を横軸、体重を縦軸として1人1人のデータを座標平面上の点で表すと、右上がりに点が広がる。この点の広がりを代表する直線を求めるのが回帰分析である。誤差を含むデータが理論値に「回帰する」のが語源。永久歯は成長と同時に生えそろい、加齢とともに抜け落ちるため、年齢と永久歯のデータは山型に広がる。よってグラフは直線でなく、放物線を描く2次関数で表したほうがよさそうだ。このように直線ではなく複雑な曲線で表すことを多項式回帰という。

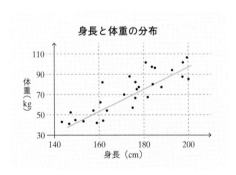

身長と体重の分布

標本調査
sampling survey

多数のデータからその一部を取り出して調べることによって、データ全体の特徴を割り出す統計の方法。これに対して全データを調べる方法を「全数調査」という。選挙はすべての投票を集計する全数調査だが、テレビ局が投票所の出口で聞き取りをして結果を予測するのは標本調査。調査の全体を「母集団」、取り出した集団を「標本」という。ある特定の年代だけに聞いても有効な予測にはならないだろう。母集団を特徴ごとにグループに分け、各グループから標本を取り出す方法を層化抽出法という。いずれにせよ、標本は母集団のよい地図、縮図になる必要がある。

味見は標本調査

ある栽培農家は自慢のぶどうをネットで伝えたい。ひと粒の大きさやひと房の粒の数など、ありのままを知らせたいが、全部を調べてぶどうをべたべたと触るのは気が引けるし、時間がかかって鮮度が落ちる。そんなときは、畑を代表するようなぶどうを選んで調べることが重要になる。なによりも大事なのは味。食べてみないと味はわからないが、全部を食べたら売り物がなくなってしまう。一緒に売っているワインも同じ、栓を抜いたら売り物にならない。ぶどうもワインも全数調査はできない。味見は標本調査だ。

🔗 link　平均 /p.132,　統計 /p.246,　回帰分析 /p.250

グーゴル

googol

10^{100}。1のあとに0が100個並ぶ101桁の数。1人の人間の細胞は$6×10^{13}$個、地球の海水はティースプーン$3×10^{29}$杯、これらと比べても文字通り「桁違い」に大きい。観測可能な宇宙の原子の数は推測で10^{80}個、これにならえば10^{20}個の宇宙を集めて1グーゴルに到達する。グーゴルの英語のスペルはgoogol。ITサービスのGoogleは、つづりを間違えて登録したため、こうなったという。スマホやPCで検索することを「ググる」というが、もしかすると「グゴる」になっていたかもしれない。

∞ link　// 乗 /p.066、無限 /p.073、対数 /p.168

超実数
hyperreal number

無限を扱うための数の表し方の1つ。無限大∞を数とみて $\frac{1}{\infty} = 0$ とすると都合が悪い。∞の代わりに巨大な数 10^{100} で考えても、$\frac{1}{10^{100}}$ はとても小さいが0ではないからだ。0ではない無限小を dx で表す方法もあるが、いずれにせよ無限の扱いには困難がつきまとう。現代の数学では∞や dx を数としないとしたが、その代償として手軽さは失われた。実数の性質を満たしたまま、無限を手軽に扱おうとするのが超実数である。超実数では数列が数そのものにあたる。たとえば数列 $(1, 0, 1, 0, \cdots)$ を超実数の1、数列 $(0, 1, 0, 1, \cdots)$ を超実数の0として数の世界を再構成する。

最大・最小
maximum・minimum

数の集合において、もっとも大きい数ともっとも小さい数。
1クラスの生徒の身長のように、1つ1つの値がわかるとき
きは小さい順に並べることで求められる。「正の偶数」の
最小値は2、いくらでも大きい数があるため最大値はない。
いわば「天井がない」状態を指す。「10未満の実数」は10
を超えない。つまり「天井がある」が、それにもかかわら
ず最大値はない。その理由は9 < 9.9 < 9.99 < 9.999 < …
と最大値を決められないため。最大や最小は集合の「端っ
こ」。集合には端っこがない場合があるばかりか、その理
由もいくつかある。

極大・極小

極大・極小は「その近くでもっとも大きい・小さい」を意
味する。4次関数のグラフはこぶが2つの山型になること
がある。2つのこぶのあいだの谷底が極小である。一般に、
極小は必ずしも最小ではない。この2こぶの4次関数でい
えば谷底よりも左右のすそ野のほうが低いからだ。2つの
こぶの頂点はともに極大、うちどちらかは最大となる。い
くつもの山頂を続けて登る縦走では、極大と極小を繰り
返し通過する。もっとも高い山頂が最大、登山口が最小。
極大、極小はささやかな目標と通過点となる。

∞ link　無限 /p.073,　実数 /p.138,　関数 /p.144,　集合 /p.206,　収束・発散 /p.232

不動点定理
fixed-point theorem

ある数を操作して同じ数ができるとき、その数をその操作の不動点という。不動点の有無やその求め方を示すのが不動点定理である。たとえば「2 でわって 5 をたす」という操作は 2 を 6 にするが、10 の場合は 10 になるため、10 が「2 でわって 5 をたす」の不動点だ。教室で席替えをしても席が変わらない生徒がいるときがある。くじによる席替えならば同じ席になる確率は $\dfrac{1}{\text{クラスの人数}}$。まじめな生徒が教室中央の 1 番前を希望し続けるケースもありそうだ。いずれにせよ、席が変わらなかった生徒がその席替えの不動点になる。

抜け出せない「終点」

関数「2 でわって 5 をたす」を $f(x)$ で表すと、$f(x) = \dfrac{1}{2}x + 5$。a を不動点とすると、不動点の定義より $f(a) = a$ となる。この例では $\dfrac{1}{2}a + 5 = a$、この 1 次方程式を解くことで不動点 $a = 10$ が求まる。この $f(x)$ に 2 を代入すると $f(2) = 6$、できた 6 を代入して $f(6) = 8$、同じように 8 を代入して $f(8) = 9$。このように、できた数を次々と代入すると不動点の 10 に近づく。そして不動点 10 に至ると $f(10) = 10$、できた 10 を代入しても $f(10) = 10$ となり、10 から抜け出せない。不動点はある種の「終点」だ。

🔗 link　方程式 /p.090,　代数 /p.097,　関数 /p.144

カオス理論
chaos theory

ランダムで予測ができない現象を扱う理論。ただしカオス理論は、サイコロの出る目のような完全なランダムでなく、ある結果が次の結果に影響を与えるが、全体としてはランダムのようにみえる現象を扱う。ドミノ倒しのように次々と影響が連鎖する意味で「確定」するが、ランダムのように「予測できない」、つまり「確定的だが予測不可能」な現象を対象とする。特徴の1つに、初期条件のわずかな差が後に大きな影響を与える初期値鋭敏性がある。気象学者のローレンツはこれを「ブラジルの1匹の蝶の羽ばたきがテキサスで竜巻になる」とたとえた。

確定と予測

「確定的だが予測不可能」なのはよいことだと思う。サッカー観戦の90分、結果を知っているのと知らないのはどちらが手に汗を握るか。コンサート会場で録音の音源でなく、生の演奏を味わうのはなぜか。未来が《確定している・してない》×《予測できる・できない》は2×2で4パターン。《確定せず、予測もできない》、いわばサイコロを振り続けるような生活は不安が大きい。カオス理論がもたらす安心な未来、といえば言い過ぎだが、充実しつつもまあまあ安全な日々をカオス理論は探しているようにみえる。

🔗 link 確率 /p.243, フラクタル /p.268, ライフゲーム /p.293, 乱数 /p.294, エントロピー /p.296

ゲーム理論
game theory

交渉事など、相手との関係における判断や行動の決め方の理論。共犯の容疑がかけられた2人の囚人がそれぞれ「黙秘」「自白」のどちらを選ぶかを考える。2人とも黙秘すればともに自白したときより刑が軽くなるが、相手が自白して自分が黙秘した場合は刑が重くなる。取り調べは別におこなわれるため、相手の選択はわからない。相手の選択によってそれぞれにとっての最善の選択が変わるこの状況は、「囚人のジレンマ」と呼ばれるゲーム理論の一例。ゲーム理論には、2人とも利己的な選択をする「ナッシュ均衡」、相手を思いやる「パレート最適」などの解がある。

（基本的に）信頼して生きる

囚人のジレンマは人がいかに生きるべきかの示唆に富む。1回きりの囚人のジレンマはイチかバチかで、正解はない。しかし囚人のジレンマを繰り返すときは、「いつでも相手を信頼して黙秘」や「いつでも相手を裏切って自白」よりも、「基本的には信頼するが、相手の裏切りには即座に裏切りで仕返し。だけど根にもたない」という「しっぺ返し戦略」が有効なことが明らかになった。「常に信頼」や「常に裏切り」よりも「基本的に信頼」のほうが優れるという結果は、数学の成果の中でもとりわけいい話だ。

数史 ジョン・ナッシュ

20〜21世紀、アメリカの数学者。1994年に「ナッシュ均衡」などの業
績でノーベル経済学賞を受賞した。ナッシュの生涯は『ビューティフル・
マインド』（監督：ロン・ハワード）で映画化された。

🔗 link 行列 /p.180

トポロジー
topology

ある図形をのばす、縮める、曲げるなど、ぐにゃぐにゃと変形しても、もとの図形と「同じ」とみなす幾何学。位相幾何学とも。ユークリッド幾何学では正方形と長方形は「異なる」図形だが、正方形を横にのばすと長方形ができるので、トポロジーではこれらは「同じ」図形となる。これにとどまらず正方形は、すべての多角形、あるいは円などの曲線で囲まれた図形とも「同じ」。切る、貼るは許されないため、円とドーナツのような穴の開いた図形は区別される。厚紙の上で考える幾何学がユークリッド幾何学なら、トポロジーは伸び縮みする薄いゴム板の上の幾何学。

つながりの幾何学

トポロジーは島と半島を区別する。海で囲まれた島には船がないと渡れない。陸続きの半島には、歩いていくことができる。瀬戸内海にある、潮が引いたときだけ歩いて渡れる小島は、潮の満ち引きが2つの異なるトポロジー図形を作り出す。漢字の「一」、ひらがなの「ひ」はどちらも島が1つ。よってトポロジーでは「一」と「ひ」は同じとなる。島が2つの「二」「い」も同じ図形。島や穴の数といった、つながりのみを考えるトポロジーでは、コンピュータのネットワークと細胞や神経の結びつきに違いはない。

∞ link　幾何 /p.098、ユークリッド幾何学 /p.100、結び目理論 /p.298、
ポアンカレ予想 /p.323

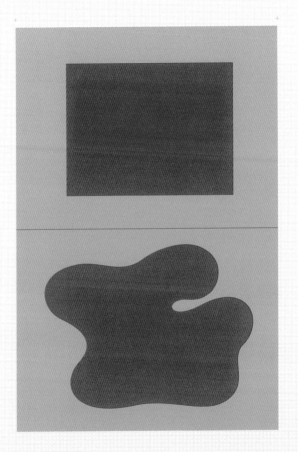

メビウスの輪

Möbius band

帯状の短冊を1回ひねって、端と端をのりで接着してできる図形。メビウスの帯とも。帯の表面に鉛筆を走らせると、いつの間にか裏面に至り、また表面に戻る。表かと思えば裏、裏かと思えば表になるため、ウラオモテがないことのたとえとされる。帯の表面は2次元平面だが、ひねりがあるメビウスの輪は3次元空間の図形である。2から3へと次元を超えないとオモテからウラにはいけないということか。クラインの壺は、壺の内が外に、外が内になるメビウスの輪と似た図形。クラインのマグカップではコーヒーが飲めない。

メビウスの輪の中央をはさみで切ると？

短冊の端と端をひねらずにつないだ輪には、車いすの両輪のように交わらない2つのふちがある。メビウスの輪ではどうなるか？ ひねりが頭を混乱させ、なかなか難しいが、できれば実際にふちを指でなぞってみてほしい。答えはこうだ。2つのふちがいつの間にかつながり、1つになる。では輪の中央をはさみで切り進めるとどうなるか。ふつうの輪なら2つの輪に分かれることが頭の中だけで想像できるだろう。ではメビウスの輪は？ その意外な結果は頭でも手先でも理解は難しい。紙と文具で不思議は作れる。

数史 クラインの壺

19世紀に活躍した数学者、フェリックス・クラインによる考案。23歳の
クラインが示した「エルランゲン・プログラム」は、それ以降の幾何学の
指針となった。

∞ link 平面 /p.036, 空間 /p.037, 幾何 /p.098, 次元 /p.224, トポロジー /p.262

四色問題
four color problem

平面上の地図を塗り分けるのに必要な色の数は 4 色で十分か、という問題。提題から約 150 年後、1976 年に「4 色で十分」と証明された。その証明は通常とは異なり、コンピュータを駆使するものだった。そのため発表時には、証明そのものの正しさや、そもそも数学の証明とはどのようなものか、などの議論を呼んだ。ルクセンブルクとそれを取り囲むベルギー、ドイツ、フランスの 3 国の塗り分けが 4 色を必要とする一例。地図は複雑でも架空でもよい。未来の火星に町々ができて、その地図を作るとしても、ロケットに持ち込むかばんの中には 4 色ボールペン 1 本で十分。

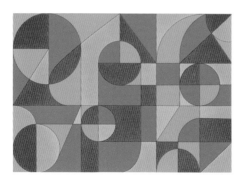

◯ link　証明 /p.112,　コンピュータ /p.287,　ネットワーク理論 /p.312

シュレディンガー方程式

Schröedinger equation

量子力学の基礎となる方程式。量子力学以前、今では古典力学と呼ばれる物理学は、ものの重さや位置、速さなどに基づく運動方程式を基礎とした。やがて 20 世紀前半になると、原子や電子などのミクロな世界では古典力学とは異なる現象がみられることがわかってきた。たとえば、原子の中の電子はボールのように動くときもあれば、波のようにふるまうときもあり、そのどちらでもあるという。この「粒子と波の二重性」と呼ばれる性質を数式で表すのがシュレディンガー方程式である。シュレディンガー方程式では複素数や三角関数が当たり前のように現れる。

変化の変化を表す演算子

ものには位置や速さ、エネルギーがある。これらを数で考えるのが古典力学の方程式である。一方、原子や電子などの微小な世界では、ものの位置やエネルギーといった量が「演算子」に置き換わる。この演算子を扱うのがシュレディンガー方程式だ。数の変化を表すのが関数、関数の変化を表すのが演算子、つまり演算子とは「数の変化の変化」を表す。数「体重 50kg」と数の変化「1 年間で 50kg 太った」は異なり、数の変化の変化「『1 年間で 50kg 太った』から『引越しして 50kg 太った』」もまた異なる。

🔗 link　方程式 /p.090，　排中律 /p.114，　三角関数 /p.122，　関数 /p.144，
複素数 /p.184

フラクタル
fractal

ある図形がその一部と相似になっている図形。自己相似とも。正三角形の3辺の中点を結ぶと、もとの正三角形に対し1辺が半分で、180°回転した正三角形ができる。この正三角形を塗り潰すと、その正三角形を取り囲むように3つの小さな正三角形が現れる。さらに、この3つの正三角形にも同じ操作をすると今度は9つの正三角形が現れる。これを無限に繰り返したものがフラクタルの一例、「ギャスケット」である。ほかに、フラクタル提唱者の名を冠したマンデルブロ集合、雪の結晶のようなコッホ曲線などが有名。空撮したリアス式海岸など、自然界にも多く見られる。

フラクタルの次元

ドーナツ型の図形の上を移動する点が中央の穴には入れないように、ギャスケット上を移動する点は大小の正三角形の穴には入れない。ギャスケット上の移動は、2次元平面上の移動よりは制約があり、1次元、直線の移動よりは自由といえる。次元が「移動の自由度」であることを考えると、ギャスケットの次元は1より大きく2より小さくなってほしい。実際、ギャスケットの次元は約1.585になる。大小の立方体で作るフラクタル「メンガーのスポンジ」の次元は約2.727。つまり平面と立体のあいだの図形となる。

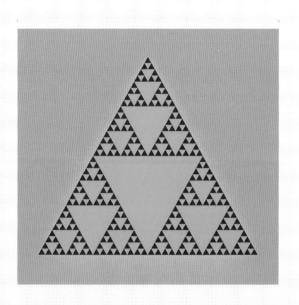

ブノワ・マンデルブロ

数学者、経済学者。1977 年に論文でフラクタルを提唱し、1982 年に
著書『フラクタル幾何学』を書き上げた。ポーランドに生まれ、フランス、
アメリカと渡り歩いた。

○○ link　直線 /p.034，　平面 /p.036，　空間 /p.037，　合同・相似 /p.106，

　　　　　次元 /p.224，　カオス理論 /p.258

ヒルベルト空間
Hilbert space

角度と距離と実数をもつ空間。2次元平面や3次元空間は
ヒルベルト空間だが、これらをさらに抽象化したものを指
す。角度と距離はどちらも内積と呼ばれる「ベクトルのか
け算」で作ることができるため、角度と距離の代わりに内
積があればよい。平面において、整数で表される点だけで
は点同士のあいだがスカスカ、すべての点を表すにはまっ
たく足りない。「実数をもつ」とは「スカスカではない」を意
味する。点の密度、長さや向きなどの扱いによってさまざ
まな空間が考えられるが、抽象化しすぎても意味がない。
考えるに値するギリギリの空間がヒルベルト空間である。

ヒルベルト空間で遊ぶ

クラスの仲良しと広場で遊ぶ。まずはかけっこだ。どっち
が速いかを決めるには同じ「距離」を走らないと不公平だ。
次に鬼ごっこだ。鬼のぼくは足がちょっと遅いあいつに狙
いを定めた。すべり台から30°右の方向にいる。逃げるだ
ろうから「角度」を少しずつ修正する。遊んでいる最中に
はもちろんこんなことは意識しないけど、距離と角度がな
ければ遊ぶのもままならない。では「実数」は？ 実数が
ないと広場に無数の穴が空いていて、かけっこどころでは
ない。というか一歩として動けないよ。

🔗 link　平面 /p.036, ,　空間 /p.037,　角 /p.050,　実数 /p.138,　ベクトル /p.178,
リーマン幾何学 /p.222,　次元 /p.224,　ベクトル空間 /p.273

線型代数
linear algebra

代数の分野の1つで、線「形」代数とも表す。線型とは
「和や差、実数倍は自由にしてよい」を意味する。たとえ
ば直線 $y = 2x$ 上の2つの点、(3, 6) と (4, 8) の座標の和
(7, 14) と差(−1, −2)、(3, 6) を5倍した(15, 30)、これ
ら3つの点はすべて直線 $y = 2x$ 上にある。原点を通る直線
はこの性質を満たすため、線型と呼ばれる。線型代数では
ベクトルとその仲間の行列の計算に明け暮れる。日本の理
系学部、大学1年次の必須分野であると同時に、現代の抽
象的な代数学の入口的存在。トリミングから色味の変更ま
で、写真画像の加工で線型代数は欠かせない。

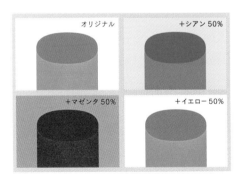

CO link　直線 /p.034,　代数 /p.097,　比例 /p.140,　1次関数 /p.147,
　　　　デカルト座標 /p.172,　ベクトル /p.178,　行列 /p.180

ベクトル空間

vector space

ベクトルの和や差、実数倍でできる空間や構造。線型空間ともいう。綱引きでは、引く力の向きや大きさはベクトルで表すことができる。2人の引く力をたし合わせたものはベクトルの和、2人がちょうど正反対に引くのはマイナスのベクトル、すなわち差になる。1人が同じ向きで力を加減するのはベクトルの実数倍となる。これらのベクトルの計算によってできるベクトルの集まりがベクトル空間だ。一直線状にならない2つのベクトルがあれば、2次元平面と同様のベクトル空間ができる。3次元のベクトル空間を作るには最低3本のベクトルが必要。

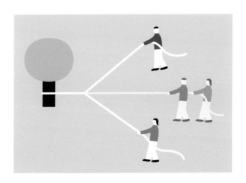

抽象代数学
abstract algebra

「たし算だけ」「わり算以外のすべて」のような計算の体系を文字やルールで表す分野の総称。代表的なものに群、環、体などがある。計算の分類や抽象化から始まったが、たとえば「整数のたし算」は群、「半径 1 の円周上での点の回転運動」もまた群となることから、回転運動を「整数のたし算」のように扱えることとなった。20 世紀初頭から発展した抽象代数学は、数にとどまらないさまざまなことがらの類似点や相違点を示し、代数は「数の代わり」から「数ですらないなにかの代わり」になった。現代の数学では欠くことのできない、言語のような存在である。

○○ link　加減乗除 /p.018、代数 /p.097、群 /p.280、環・体 /p.281、圏 /p.315

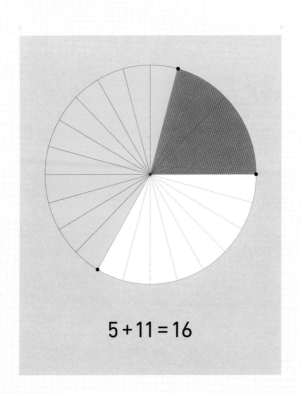

$$5 + 11 = 16$$

#4　数学の成立時期と検索ヒット数

　歴史が始まったときから数学の記録がある。世界最古の文明の1つ、メソポタミア文明の粘土板には数学の問題や数表が書かれている。紀元前のインドで使われていた数字の記録もある。太古から数学があるのではなく、むしろ文明を発展させた知恵のことを今では「数学」と呼んでいるという感がある。

　古い技術や知恵が役目を終え、ある時期から使われなくなることがある。電報を主な通信手段としているところはほとんどないだろう。文章作成に特化したワープロ専用機もすっかり見なくなった。スマホやコンピュータだって今後どうなるかはわからない。知恵や技術の移り変わりはしかたのないことである。

　しかし、数学においてはやや事情が異なる。紀元前約3世紀、ユークリッドの『原論』でも平行線は扱われていたし、三平方の定理はピラミッドの建設で活躍した。この定理は古くてもう使えないとか、令和最新版の三角形とかはない。

　21世紀に入ったころから、検索エンジンと呼ばれるものが普及した。「ググる」ともいうあれである。100年後はどうなっているかにはまた別の興味があるが、現代の私たちはとりあえず目先のことをググる。

　ここで、時間をかけて1つずつ積み重ねてきた数学と、指先1つで得られる数学の関係を考えたい。それが278ペー

ジのグラフである。横軸が成立の時期、縦軸が「○○　数学」と検索してヒットするページの数である。たとえば「円　数学」ならば約 63,000,000 件、「方程式　数学」ならば約 13,600,000 件、「線型代数　数学」で約 193,000 件。この 3 つの例からも想像できるように、この検索ヒット数は現代の私たちが必要としている、馴染んでいる具合を表す。

　1 つ 1 つの点はこの本の各項目のおよその成立の時期と、検索ヒット数を表している。電報やワープロなどの技術と同様に、数学においても古いものが新しいものに取って代わられ、古いものが不要になるのであれば、左下から右上への直線状に点が広がるはずだ。ところが実際には点はこのグラフいっぱいに広がっている。これは数学が「成立の時期と、ふだんの使用に関係がない」ことを示している。古くても新しくても使うものは使うし、使わないものは使わない。

　古いものばかりを重視するのでは進歩がないし、新しいものばかりに興味をもつのは節操がない。数学はベテランからルーキーまで活躍するオールスターの祭典だ。

本書221項目のおよその成立時期と検索ヒット数

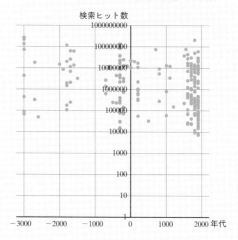

「Mathematics | Definition, History, & Importance | Britannica」
「Timeline of Mathematics - Mathigon」などを参考に作成

Chapter 5

現代

Present

183 群
group

抽象代数学の1つ。ある集合と計算において「結合法則が
成立する」「単位元と逆元が存在する」が群の条件である。
直感的には「分数のかけ算」と考えるとよい。たとえば
$\left(\dfrac{2}{1} \times \dfrac{3}{2}\right) \times \dfrac{4}{3} = \dfrac{2}{1} \times \left(\dfrac{3}{2} \times \dfrac{4}{3}\right)$ のように、かける順は問わ
ず（結合法則）、「かけても変わらない数」1（単位元）が
あり、$\dfrac{5}{4}$ に対する $\dfrac{4}{5}$ のように「それとかけて1になる数」
（逆元）があるため、分数のかけ算は群といえる。6とか
けて1になる整数はないため、整数のかけ算は群ではない。
群は「かけ算の抽象化」であり、計算以外の操作であって
も、それが群であればかけ算のように扱える。

数史 **エヴァリスト・ガロア**

著名な群の1つ「ガロア群」に名を残す19世紀フランスの数学者。決闘
により20歳で亡くなった。ガロアがまとめた「ガロア理論」は彼の死後に
非常に高く評価された。

環・体
ring・field

抽象代数学の体系の 2 つ。「かけ算の抽象化」である群に対
し、環は「たし算、ひき算、かけ算の抽象化」、体はわり算を加
えた「加減乗除すべての抽象化」である。$5-2=5+(-2)$
のようにたし算とひき算は負の数を、$8÷5=8×\frac{1}{5}$ のよう
にかけ算とわり算は逆数を使うことで、それぞれたし算と
かけ算の 2 つの計算にまとめることができる。よって、群
は 1 つ、環と体は 2 つの計算をもつといえる。n 行 n 列の
行列の計算は環であるが、体ではない。これは行列ではた
し算、ひき算、かけ算はできるが、わり算はできない場合
があるため。群、環、体は、さまざまな数学を統一的に考
えるための横串になっている。

🔗 link　加減乗除 /p.018，　行列 /p.180，　抽象代数学 /p.274，　群 /p.280

順列
permutation

n 個のものから r 個を取り出して順番に並べたときのパターーンの総数。たとえば 5 種類のチョコレートから 2 つを選んで食べるとき、その食べる順番は、最初は 5 通り、次は1 つ減って 4 通りの選び方があるので、$5 \times 4 = 20$ 通りとなる。3 つを選んで食べる場合は $5 \times 4 \times 3 = 60$ 通り。このように順列を求めるときには、n から 1 ずつひきながらかけ合わせる計算をする。n 個から n 個すべてを取り出して並べる順列は $n \times (n-1) \times (n-2) \times \cdots \times 3 \times 2 \times 1$、これは n の階乗 $n!$ と等しい。

🔗 link　階乗 /p.083，　ガンマ関数 /p.240，　組み合わせ /p.283

組み合わせ
combination

n 個のものから、順番を考慮せずに r 個を取り出すパターンの総数。順番を考慮しないとは、5 種類のチョコレートから 2 種類を選ぶとき「ビター→ホワイト」と「ホワイト→ビター」の違いは考えず、1 つの選び方としてカウントすることである。したがって順番を考慮する方法、すなわち順列の 20 通りを 2 でわった 10 通りとなる。順番を考慮するかしないかが順列と組み合わせの違いだが、1 つ1 つ取るのが順列、同時にガサっと取るのが組み合わせとみるのもよい。順列と同じく、階乗の計算を多く使う。先の例の組み合わせは $\dfrac{5!}{3! \times 2!}$ の計算で求められる。

串おでんの食べ方

漫画『おそ松くん』に登場するチビ太がもっているおでんは上から順に△ → ○ → □で描かれる。おでんは串に刺さっているため、この順で食べるのがふつうだろう。もし串からはずして好きな順に食べるならば、3×2×1 の 6 通りのパターンとなる。順番なんてどうでもいいよ、となると、その方法は「食べる」の 1 通りのみ。前者が順列、後者が組み合わせに対応し、順番にこだわらない分、組み合わせのほうがパターンは少ない。なお作者の赤塚不二夫によると△はコンニャク、○はガンモ、□はナルトだそうだ。

🔗 link　階乗 /p.083,　ガンマ関数 /p.240,　順列 /p.282

レピュニット数

1、11、111 のようにすべての桁が 1 の自然数。単位 1 を
繰り返すので、「繰り返し」を意味する rep（レプ）と、
「単位」を意味する unit（ユニット）が語源。$1 = \dfrac{10^1 - 1}{9}$、
$11 = \dfrac{10^2 - 1}{9}$、$111 = \dfrac{10^3 - 1}{9}$、$1111 = \dfrac{10^4 - 1}{9}$ と、すべて
同様の式で表すことができる。100 桁のレピュニット数は
$111 \cdots 1 = \dfrac{10^{100} - 1}{9}$ であり、両辺を 9 倍して $999 \cdots = 10^{100} - 1$、
さらに両辺を 10^{100} でわると $\dfrac{999 \cdots}{10^{100}} = 1 - \dfrac{1}{10^{100}}$。ここで左
辺は $0.999 \cdots$ であり、右辺のとても小さい $\dfrac{1}{10^{100}}$ を無視す
ると、式 $0.999 \cdots = 1$ が現れる。

1 が作る世界

$11^2 = 121$、$111111^2 = 12345654321$ のように 9 桁までの
レピュニット数の 2 乗は $1234 \cdots 4321$ の形になる。その理
由を 111^2 で考える。$111^2 = 111 \times 111$ なので、ひっ算で表
せば 111 が 1 つずつずれながら 3 段並ぶ。これらを縦に
たすので両端から順に 1、2、3 となり、12321 となる。9
桁まではすべて同様、10 桁を超えると繰り上がりが起こ
るため、この性質は成立しない。また 11 の 1 乗から 4 乗
までの数はパスカルの三角形にも現れる。単位 1 の繰り返
しは、さまざまなところで顔をのぞかせる。

$$
\begin{array}{r}
1\,1\,1\,1\,1\,1 \\
\times\ 1\,1\,1\,1\,1\,1 \\
\hline
1\,1\,1\,1\,1\,1 \\
1\,1\,1\,1\,1\,1 \\
1\,1\,1\,1\,1\,1 \\
1\,1\,1\,1\,1\,1 \\
1\,1\,1\,1\,1\,1 \\
1\,1\,1\,1\,1\,1 \\
\hline
1\,2\,3\,4\,5\,6\,5\,4\,3\,2\,1
\end{array}
$$

∞ link 1 /p.012, 自然数 /p.015, 単位 /p.029, パスカルの三角形 /p.067,
等式 /p.088

計算機

計算をするための機械。パスカルが考案した「パスカリー
ヌ」は世界最古の機械式計算機の1つ。これは $9+1=10$
のように繰り上がる計算を歯車やダイヤルを使って実現し
たが、$99+1=100$ のように連続する繰り上がりはうまく
いかなかったという。機械式の計算機の前には、小石やそ
ろばんなどの道具を用いた計算があり、これらも広い意味
での計算機といえる。19世紀になって、手回しなどの人
力から蒸気機関への移行が挑まれた。小石や歯車などの道
具が電子回路に、動力が電力になったのが現在のコンピュ
ータである。

CO link　十進法 (p.030)、そろばん (p.070)、コンピュータ (p.287)

コンピュータ
computer

電子回路を使って計算する機械。それまでの機械式計算機
と比べて圧倒的な計算速度をもつ。20世紀中ごろに発明
された最初のコンピュータは1台でひと部屋を占拠した。
その後、ミリ単位の大きさのトランジスタや、トランジス
タを集積したICなどを利用して、小型化と高速化を同時
に達成した。電子回路で「AかつB」などの論理計算を
作り、論理計算をもとに二進法の計算を実現する。現在は、
量子の動きを原理とする量子コンピュータが桁違いの計算
能力を期待される。その一方で、ビリヤードのボールや粘
菌の動きを使った低速コンピュータも研究されている。

🔗 link　二進法 /p.031,　計算機 /p.286,　アルゴリズム /p.288,　真理値 /p.289,
NAND /p.290

アルゴリズム

algorithm

190

計算や操作の形式的な手順。四捨五入のアルゴリズムは「4 以下は切り捨て、5 以上は切り上げる」。誰がやっても同じ結果になることを目指すため、「4 ぐらい」や「たぶん 5 以上」などは使わない。「順番を守る」「条件で分岐する」「繰り返す」がアルゴリズムの基礎となる。アルゴリズムを図で表したものをフローチャートという。アルゴリズムが作れることと、その計算や操作を正しく理解していることは等しい。コンピュータのプログラミングでよく使われる語だが、手順が決まっている料理のレシピなどもアルゴリズムといえる。

目玉焼きを作る

フライパンで油を熱する

熱せたか？ → No

Yes

卵を割り落とす

黄身の周りが固くなるまで焼く

焼けたか？ → No

Yes

火を止める

終了

link　四捨五入 /p.082，関数 /p.144，コンピュータ /p.287

288

真理値
truth value

真偽を表す値。正しいことを T、誤りを F で表す。それぞれ Truth と False が由来。「4 の倍数は 2 の倍数である」の真理値は T、「2 の倍数は 4 の倍数である」は F となる。「P かつ Q」は P、Q がともに T のとき T、それ以外は F。T をオン、F をオフとみると、真理値はスイッチと同じになる。階段の上と下のどちらでも点灯・消灯ができる照明は、登る前につけ、登ったあとに消せるため便利だ。この仕組みは、階上・階下にある 2 つのスイッチの排他的論理和「XOR」で表すことができる。これは「または」の変形版、その違いは表の通り。真理値があれば暗がりも恐くない。

P	Q	P または Q	P	Q	P XOR Q
T	T	T	T	T	F
T	F	T	T	F	T
F	T	T	F	T	T
F	F	F	F	F	F

P または Q　　　　P XOR Q

⊖ link　2 /p.013,　二進法 /p.031,　コンピュータ /p.287,　NAND /p.290,
ファジー論理 /p.292

NAND

NAND

「かつ」や「または」と同様に、ものやことを論理的につなげる語の1つ。Not AND の略で、「かつ」の否定である。「『ラーメンを食べる』NAND『うどんを食べる』」は「(『ラーメンを食べる』かつ『うどんを食べる』)をしない」を意味する。これは「ラーメンとうどんの両方を食べることはしない」、つまり「ラーメンだけを食べるか、うどんだけを食べるか、何も食べないか」となる。真理値を使えば「T NAND T」は F、「T NAND F」「F NAND T」「F NAND F」はどれも T になる。ラーメンとうどんで比べるとよいが、食べながら考えると喉につかえそうだ。

NAND があればなんでもできる

「『ネコが好き』NAND『ネコが好き』」は「(『ネコが好き』かつ『ネコが好き』)ではない」である。この不要な繰り返しをまとめれば「『ネコが好き』ではない」になる。つまり P NAND P は「P ではない」となり、P の否定になる。(P NAND P) NAND (Q NAND Q) は「P または Q」と一致する。このように NAND 1つで、論理の基本「かつ」「または」「ならば」「〜でない」の4種の役割を果たす。NAND は万能、それゆえコンピュータの回路になり、NAND 回路の名で新聞にも載る。論理界の出世頭だ。

🔗 link　コンピュータ /p.267,　アルゴリズム /p.288,　真理値 /p.289

ファジー論理
fuzzy logic

「まあまあ正しい」のようなあいまいな表現を許す論理の体系。通常の論理の真理値は「T（正しい）」か「F（誤り）」の二者択一だが、ファジー論理では、それぞれの主張に 0 から 1 までの実数を割り当て、その数で真理値を表す。1 は確実に正しく、0 は確実に誤り。通常の論理は 1 か 0 の極端なケースともいえ、それゆえ「二値論理」といわれる場合もある。ほかに、正しい、半分正しい、正しくないの 3 つで表現する「三値論理」があり、これにならえばファジー論理は多値論理といえる。ファジー（fuzzy）は英語で「あいまいな」で、「けばだった」の意味もある。

ファジー集合

集合の要素それぞれに 0 から 1 の実数を付けた集合。ファジー論理のもととなった。それぞれの数値は、その集合の要素として「どれぐらいふさわしいか」を示す。1 が要素としてもっともふさわしく、0 がもっともふさわしくない。たとえば「若い」は人によって感じ方が異なるため、あいまいな表現だ。そこで「若い人の集合」において、10 歳の鈴木さん、20 歳の田中さん、50 歳の佐藤さんの数値を順に 1、0.8、0.2 のように決め、あいまいさを表現する。この数値を示す関数をメンバーシップ関数という。

🔗 link　二進法 /p.031,　小数 /p.136,　実数 /p.138,　集合 /p.206,　真理値 /p.289,

ライフゲーム
Game of Life

碁盤状のマス目の上で、一定のルールに基づいて変化する
図形や模様のパターン。その変化の様子から生命の誕生や
進化のシミュレーションモデルとして扱われる。それぞれ
のマスは生と死を表す2色で塗り分けられる。色の変化の
ルールは全部で4つあり、それぞれ誕生、生存、過疎によ
る死滅、過密による死滅と解釈できる。思いもかけないよ
うな幾何学模様が現れ、見ていて飽きない。縦3マスと横
3マスを交互に繰り返す「ブリンカー」、球を吐き出す「グ
ライダー銃」、惑星の爆発のような「パルサー」などのパ
ターンがある。1970年にジョン・コンウェイが考案。

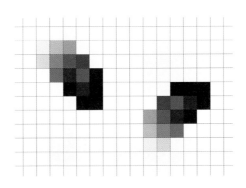

🔗 link 　二進法 /p.031、カオス理論 /p.258、コンピュータ /p.287、
アルゴリズム /p.288

195

乱数
random number

法則性がなく、でたらめに現れる数。適当に投げたサイコロの目は1から6までの乱数となる。正二十面体の各面に0から9の数を2つずつ書くと、1桁の整数の乱数が得られる。表を0、裏を1とするコイン投げは0と1の乱数になる。サイコロやコインによる乱数は、なんども繰り返すとそれぞれの数の出現回数は等しくなる。サイコロを振り続けると各目の出る確率はそれぞれ $\frac{1}{6}$ に近づく。その一方で、少ない回数では同じ数が偏って出ることもあるため、大量の乱数が必要なときには、それにふさわしいだけのサイコロを振る回数が重要になる。

「法則がない」とは？

乱数を作ることは簡単ではない。パッと頭に浮かんだ数をランダムに書き出してみる。この並びに法則や傾向がないと断言できるだろうか。コンピュータを頼りにしても同じ、むしろ原理上あいまいさを許さないコンピュータのほうが人間よりも苦手だ。コンピュータの登場・普及以前は乱数表と呼ばれる表を使っていた。コンピュータでは、数列やモジュラー計算で作る「疑似乱数」を利用する。どうすれば「法則がない」といえるか、これを考えるのもまた数学である。

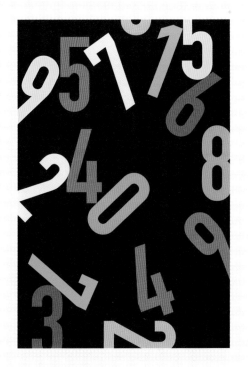

数史 **メルセンヌ・ツイスタ**

疑似乱数の生成法の1つ。メルセンヌ素数 $2^{19937}-1$ を使って乱数を作る。
高い品質の「でたらめ」を高速に作ることができるため、多くのプログラム
言語で採用されている。

∞ link 　数列 /p.028, 　メルセンヌ数 /p.194, 　モジュラー計算 /p.197,
　　　　　確率 /p.243, 　カオス理論 /p.258, 　コンピュータ /p.287

エントロピー

entropy

情報や状態の乱雑さを表す指標。情報の乱雑さは確率で考えるとよい。サイコロを1回振るとき、「5以下になる」という予想は「偶数になる」という予想より確実、つまり乱雑さが少ない。よって「5以下になる」は「偶数になる」よりエントロピーが低いと表現する。一方、状態の乱雑さは部屋の様子で想像するとよい。整頓された部屋はエントロピーが低く、ぐちゃぐちゃの部屋はエントロピーが高い。片づけをしないと部屋は日に日に荒れてくるが、これを「エントロピー増大則」という。自然界はエントロピー増大則にあるといわれている。片付けは自然法則への挑戦だ。

link　確率 /p.243、カオス理論 /p.258、乱数 /p.294

197

折り紙の数学

mathematics of origami

折り紙を研究する幾何学。紙は 2 次元の平面であり、紙を折ることでさまざまな図形が生まれる。折り紙は単なる平面幾何のように思えるが、コンパスと定規では作図が不可能な角の 3 等分ができるなど、独自の世界が展開され、「折り紙公理」として整理されている。展開や収納が簡単、破れにくいとして人工衛星のソーラーパネルに使われる「ミウラ折り」、昆虫の翅の折り畳み方など、工学や自然科学で応用・研究されている。英語での呼び名の 1 つ「origami」、山折りと谷折りの数に関する「前川定理」など、折り紙発祥の日本はこの分野と縁が深い。

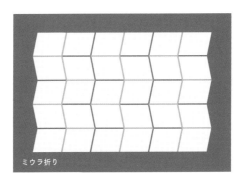

ミウラ折り

∞ link　平面 /p.036，空間 /p.037，幾何 /p.098，角の 2 等分線 /p.109

結び目理論
knot theory

ひもの結び目について研究する分野。トポロジーの1種。複雑に絡んだひも2か所をつまんでピンと横に引っ張ると、ぎゅっと固い目ができたり、スルスルとほどけたりする。結び目理論では、ぱっと見がどんなに複雑でも、最終的にほどける図形は、すべて「同じ」図形と考える。あやとりで作る「ほうき」や「はしご」などは、すべて輪と同じになる。「三葉結び目」は、輪と同じにならないもっともシンプルな図形。ひもが交差する点で、ひもの上下を入れ替えると結び目の個数が変わる場合があるため、ひもの上下が結び目理論のポイントとなる。

次元を超えるトレーニング

一部が重なるように2つの輪ゴムを机に置くと、2つの輪ゴムは2点で交わる。この2つの交点では同じ輪ゴムが上にあるため、結び目はできない。ここで、頭の中で1つの交点で輪ゴムの上下を入れ替える。この2つの輪ゴムをつまんで横に引っ張ると、鎖のようにつながっているはずだ。結び目理論において、ひもの上下を明確にする理由がこれではっきりすると思う。机に置いた輪ゴムは2次元の図形に見えるが、ひもの上下を考えれば3次元の図形になる。次元を超えるトレーニングに結び目理論はもってこいだ。

🔗 link 　代数 /p.097,　幾何 /p.098,　次元 /p.224,　トポロジー /p.262

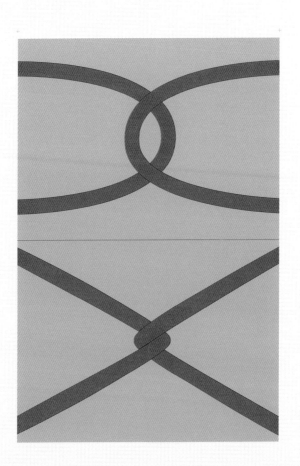

数学基礎論
foundations of mathematics

数学の基礎付けをする数学の分野。数学そのものを対象にするため、超数学やメタ数学と呼ばれることもある。明確な定義がなかった「集合」の厳密な定義を試みる公理的集合論、数学の証明について検討する証明論、数学の規則と意味の関係を考えるモデル理論、関数を再定義する帰納的関数論の主に4つで構成される。ラッセルのパラドックスなど、19世紀後半に露呈した「数学の危機」に端を発する比較的新しい学問で、その危機を救おうとした「ヒルベルト・プログラム」と、ゲーデルなどが示したそのプログラムの挫折は20世紀前半の重要なエピソードだ。

数史 ダーフィト・ヒルベルト

19～20世紀のドイツの数学者。「最後の万能数学者」の1人とも。数学に矛盾がないことを示そうとした「ヒルベルト・プログラム」や、当時の未解決問題をまとめた「ヒルベルトの23の問題」で知られる。

∞ link　証明 /p.112，関数 /p.144，集合 /p.206，
　　　　 ゲーデルの不完全性定理 /p.301，パラドックス /p.308

ゲーデルの不完全性定理

Gödel's incompleteness theorems

数学の計算の体系が「無矛盾ならば不完全」であることを
いう定理。無矛盾とは文字通り「矛盾がない」、不完全と
は「正しいとも正しくないともいえない」を指す。ほとん
どの計算体系は無矛盾なので、ふつうの数学に真偽のシロ
クロがつかないことがあると示した。20世紀前半、ゲー
デルによるこの証明のポイントは「シロならばクロ、クロ
ならばシロ」とシロとクロが反転し続けることにある。哲
学や文学、美術界で話題にされることも多く、ダグラス・
ホフスタッターの著作『ゲーデル、エッシャー、バッハ
―あるいは不思議の環』はアメリカや日本で話題になった。

数史　**クルト・ゲーデル**

20世紀、オーストリア＝ハンガリー帝国出身の数学者、論理学者。アメ
リカ移住を希望していたゲーデルは「合衆国憲法に矛盾を発見した」が、
他言してはならないと友人から釘を刺された。

link　証明 /p.112,　対角線論法 /p.302,　パラドックス /p.308,
自己言及のパラドックス /p.310

対角線論法
diagonal argument

実数と自然数の個数はともに無限だが、実数のほうが自然
数よりも多いことを示す証明方法。19世紀末、カントー
ルによる。「実数と自然数が同じ個数とすると…」から始
まり「…これは矛盾する」で終わる背理法を使う。実数を
小数で表すと小数点以下が右方向に無限に続き、また自然
数を下方向に並べても無限に続く。こうして右と下に無限
に広がる数の平面ができ、その左上から右下に向かう対角
線上の数について考えるため、この名称で呼ばれる。うそ
つきのパラドックスや、ゲーデルの不完全性定理の証明と
本質的に同じ構成となっている。実数と自然数のあいだに
別の無限があるかを考えるのが連続体仮説である。

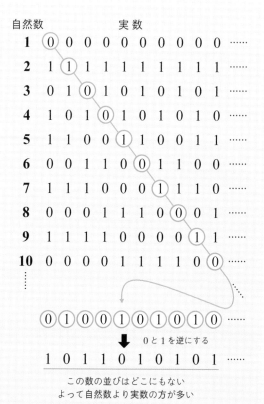

自然数　　　　　実数
1　⓪0 0 0 0 0 0 0 0 0 0 ……
2　1 ① 1 1 1 1 1 1 1 1 1 ……
3　0 1 ⓪ 1 0 1 0 1 0 1 0 ……
4　1 0 1 ⓪ 0 1 0 1 0 1 0 ……
5　1 1 0 0 ① 1 0 0 1 1 ……
6　0 0 1 1 0 ⓪ 1 1 0 0 ……
7　1 1 1 0 0 0 ① 1 1 0 ……
8　0 0 1 1 0 0 1 ⓪ 0 1 ……
9　1 1 1 1 0 0 0 0 ① 1 ……
10　0 0 0 0 1 1 1 1 0 ⓪ ……

⓪①⓪⓪①⓪①⓪①⓪ ……

↓ 0と1を逆にする

1 0 1 1 0 1 0 1 0 1 ……

この数の並びはどこにもない
よって自然数より実数の方が多い

ヒルベルトのホテル
Hilbert's Hotel

20世紀前半にヒルベルトが考案した、無限についての思考実験。1フロア1部屋の無限階建てのホテルには無限の部屋がある。このホテルが満室のとき、新しい1組の客を泊めることができるか？ という問題。答えは「できる」。その方法は、1階の部屋の利用客を2階に、2階の利用客を3階に、とすべての利用客を一斉に1つ上の部屋に移動することで1階の部屋が空く。同時に n 組が来た場合でも、もとの利用客全員が n 階ずつ上に移動すれば入室できる。満室なのに泊まれてしまうのは、無限階のなせるわざだ。問題も答えも容易だが、無限の不思議や連続体仮説との関係があり、あなどれない。

∞ link　無限 /p.073、　連続体仮説 /p.211、ゲーデルの不完全性定理 /p.301、
パラドックス /p.308、バナッハ・タルスキの定理 /p.311

可能無限・実無限

actual infinity・potential infinity

無限に関する2つの考え方。無限の生徒がいるクラスで、生徒を1人、2人、…と永遠に数えられるとする見方を「可能無限」、1人1人数えるのは諦めて、クラス全体の人数として扱う見方が「実無限」だ。カントールによれば可能無限は「変化する有限量」であり、これは文字xに次々と大きい数を代入できると考えるとよい。一方、実無限というときはπなどと同じように定数と捉えている。実際、無限の1つ、自然数の個数をωと表す場合がある。可能無限と実無限のどちらを支持するかは近現代の数学者のあいだでも意見が分かれる。

∞ link　自然数 /p.015,　無限 /p.073,　超実数 /p.138,　無限集合 /p.209,

選択公理 /p.307

選択公理
axiom of choice

複数の集合から1つずつ要素を選び、その要素で新たな集合ができるという集合論の公理。学校で各クラスから1人ずつ選んだ「足が1番速い人」の集まりがイメージ。このような集合ができることは当たり前に思えるが、クラスの数や1クラスの人数が無限のとき、とくに自然数の個数より大きい無限のときには、その使用や意義について論争になった。これは「数えられないほど多くのクラスがあるとき、すべてのクラスの『足が1番速い人』をチェックできるの？」という話である。それまであいまいに使われていた選択公理は、20世紀初頭にルールとして明文化された。

🔗 link 自然数 /p.015, 集合 /p.206, 連続体仮説 /p.211, 数学基礎論 /p.300

205 パラドックス

paradox

正しそうで正しくないことがら。あるいはその逆。逆説と
も。ゼノンのパラドックスは「足が速いアキレスは前方を
行く亀には追いつけない。なぜならアキレスが亀のいた地
点に着いたときには亀は少し前に進んでおり、またその地
点にアキレスが着いたときには亀はまた少し進んでいるか
ら」であるが、実際にはアキレスは亀を追い越すだろう。
ほかに、1週間以内にある試験がいつかは予測できないと
いう「抜き打ち試験のパラドックス」など。「野菜は嫌い
だけど、きゅうりは大好き！」のような単なる矛盾とパラ
ドックスは異なる。よいパラドックスは思考を豊かにする。

🔗 link　全称命題 /p.119、　ヒルベルトのホテル /p.304、
　　　　うそつきのパラドックス /p.309、　自己言及のパラドックス /p.310

うそつきのパラドックス

Epimenides paradox

「すべてのクレタ人はうそつき」と言うクレタ人のパラドックス。発言したクレタ人がうそつきとするとこの発言もうそとなり、クレタ人は正直者となる。するとクレタ人である発言者は正直者となり、この発言は真実、よってクレタ人はうそつきとなる。こうして、うそつき→正直者→うそつき→…の反転が永遠に続く。「あるクレタ人は」と特定の誰かを指す場合や、うそつきの定義を「うそをつくこともある」とする場合はパラドックスにならない。厳密な数学には「すべて」や「ある」などの指示が必要。うそつきのパラドックスはそんな厳密さから立ち上るパラドックスだ。

自己言及のパラドックス
self-referential paradox

文や発言がそれ自体について述べるときに起きるパラドックス。たとえば「19 文字以内で記述できない最小の自然数」は 19 文字で書かれ、「19 文字以内で記述できている」ためパラドックスとなる。クレタ人がクレタ人について語る「うそつきのパラドックス」や、自身を要素として含まない集合の「ラッセルのパラドックス」も自己言及のパラドックスである。19 文字以内では記述できない、自身を含まないなど、自己言及がパラドックスになる鍵は「否定」にある。プログラムの途中でそのプログラムを呼び出す「再帰」や、20 世紀の画家・エッシャーのだまし絵も自己言及的といえる。

link ゲーデルの不完全性定理 /p.301, 対角線論法 /p.302,
パラドックス /p.308,

バナッハ・タルスキの定理

Banach-Tarski theorem

中身の詰まった球を細かいパーツに分け、それをうまく組み合わせることにより、もとの球と同じ大きさの球を 2 つ作ることができるという定理。「バナッハ・タルスキのパラドックス」とも。証明のポイントは「1 点が欠けた円を分割し、集め直して欠けてない円を作る」。これを群や選択公理を使って示す。できた球に同じことをすれば、好きなだけ球を増やすことができる。これは「ヒルベルトのホテル」が部屋数をいくらでも増やせるのと似ている。ただし、この定理は形の話であり体積は別のため、球型のチョコレートに当てはめても好きなだけ食べられるわけではない。

数史

ステファン・バナッハ

20 世紀、ポーランドの数学者。距離をもつベクトル空間「バナッハ空間」でも有名。

アルフレッド・タルスキ

20 世紀、ポーランド出身の数学者、論理学者。数学基礎論の主要テーマの 1 つ、モデル理論の創始者といわれる。

link 群 /p.280, ヒルベルトのホテル /p.304, 選択公理 /p.307, パラドックス /p.308

ネットワーク理論
network theory

さまざまなつながりを点と線で表す数学の分野。A さんは B さんと C さんの両方と友人だが、B さんと C さんは友人でないとき、点 A と点 B、点 A と点 C を線で結び、この 3 人の友人関係を表す。A と B は互いに友人と思っているが、C は A を友人と思っていない場合は、A と B を結ぶ逆向きの 2 つの矢印と、A から C に向かう 1 つの矢印で表す。このような関係を表現する図を「グラフ」といい、とくに矢印の向きを考慮しない前者を無向グラフ、向きを考える後者を有向グラフという。

クラスの雰囲気を視覚化する

全員が全員と友だちである 30 人のクラスは、三十角形とそのすべての頂点間を結ぶ対角線で表される。辺の数は 30 本、対角線は 405 本、合わせて 435 本の線がある。一方、となりの 30 人のクラスは 3 人のグループが 10 個、グループを越えては口も利かない。このクラスのグラフは 10 個の三角形、線の数は各辺の総数で 3 × 10 = 30 本となる。線を「交流」と考えれば、435 と 30 の違いがクラスの雰囲気を表すだろう。グラフの見た目からも様子は明らか。なかよしクラスは大量の線で密度が濃く、険悪クラスは線が少なくスカスカだ。

∞ link　グラフ /p.175,　四色問題 /p.266,　エルデシュ数 /p.314

エルデシュ数

Erdős number

20世紀の数学者、ポール・エルデシュとの「近さ」を表す数。エルデシュと論文を共著したAさんのエルデシュ数は1、エルデシュとは共著論文がないがAさんとは共著したBさんのエルデシュ数は2。このように、エルデシュ数がnの人物と共著がある別の人物のエルデシュ数を$n+1$と定める。エルデシュ数が小さいほど、学者としてエルデシュの近くにいることになる。共著関係は人間関係の1種であるため、ネットワーク理論の1つの例として親しまれている。似たものにアメリカの俳優、ケビン・ベーコンを起点とする共演関係を表す「ベーコン数」がある。

数史 **ポール・エルデシュ**

整数論、グラフ理論、集合論など多才・偉才の数学者。その論文数は20世紀で最多。一か所に留まらず、旅をするように大学や研究機関を渡り歩きながら研究を続けた。

link ネットワーク理論 /p.312

211

圏

けん

category

現代的な抽象数学の1つ。圏論、カテゴリーとも。集合を
「対象」、集合間の関係を「射」と呼び、それらで集合全体を
考えるのが「集合の圏」である。たとえば集合{1, 2, 3, 6}
を構成する要素は1や2などの数だが、集合の圏の構成要
素は集合{1, 2, 3, 6}そのものである。数を集めたのが集
合、集合を集めたのが「集合の圏」。集合だけでなく「群
の圏」や「トポロジーの圏」もある。圏によって、19～
20世紀以降にそれぞれ発展した群やトポロジーなど、抽
象的な数学間の比較や横断ができる。つまり圏は現代数学
のメイン会場といってもよい。

ベイズ推定
Bayesian inference

観測の結果から、その原因を確率的に知る方法。ふつうの
サイコロと「1が4つ、6が2つ」のサイコロのどちらか
を振り、1が出たとする。それがふつうのサイコロである
確率を考える。1が出る確率はふつうのサイコロのほうが
小さい。よって答えは2つに1つの $\frac{1}{2}$ より小さくなりそ
うだが、ベイズ推定を使うと、その確率が $\frac{1}{5}$ だとわかる。ふ
つうに考えればものごとは原因が先で結果が後だが、ベイ
ズ推定は結果から原因へと逆にたどる。迷惑メールの自動
振り分けにも使われており、これは「迷惑メールには謎の
リンクが含まれる」を「謎のリンクがあれば迷惑メール」
と読み替える逆転の発想に基づく。

∞ link 確率 /p.243

ブラック・ショールズ方程式

Black–Scholes equation

株などの売買に関する方程式。株価は会社の業績や社会の動きで変動する。安いときに買った株を、株価が高くなったときに売る。これが株取引で儲けを得るための基本だが、未来を完璧に知ることはおそらく不可能なため、株の売買にはギャンブルっぽさがつきまとう。これに対して、株価の変動の確率や取引のタイミングを駆使して、儲けを考える式がブラック・ショールズ方程式だ。じゃんけんでたとえれば、後だしできる権利「オプション」を売買することにしたうえで、勝率や賞金から決めるオプションの価格がポイントになる。1970年代にブラックとショールズによって考案され、現代も発展を続ける金融工学の基礎となった。

🔗 link　方程式 /p.090,　微分方程式 /p.158,　ゲーム理論 /p.260

旅人算
tabibito problem

算数の文章題の1つ。同一線上にいる離れた2人の旅人が「向かい合う方向に移動して出会う」あるいは「同じ方向に移動して追い越す」までにかかる時間や場所を求める。「速さ×時間 = 距離」の計算が基本となる。向かい合うときは2人の速度の和で考える。これは、それぞれが時速4kmと時速6kmで移動して出会うのと、時速10kmと時速0kmで移動して出会うのが同じ時間だけかかることを想像するとよい。追い越すときは速度の差で考える。なお、時速0kmのものは止まっているため、「旅人」かどうかはまた別の問題だ。

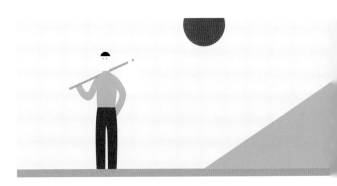

🔗 link 加減乗除 /p.018, 方程式 /p.090

仕事算
shigoto problem

算数の文章題の1つ。複数人がそれぞれ一定のペースで仕事をしたときにかかる時間などを求める。たとえば、ある仕事をAさんは2時間、Bさんは3時間で終えることができるとき、2人が協力しておこなうと何時間で終わるか？ というのが典型例。この解法は次の通り。仕事量を1とすると、1時間でAさんは全体の$\frac{1}{2}$、Bさんは全体の$\frac{1}{3}$の仕事ができる。よって2人では1時間で$\frac{1}{2} + \frac{1}{3} = \frac{5}{6}$進むことになる。全体を1としたので、かかる時間は$1 \div \frac{5}{6} = \frac{6}{5}$で1.2時間。全体の仕事量を1とするのが解くときのポイント。

∞ link　1 /p.012、方程式 /p.090、分数 /p.134

モンティ・ホール問題

Monty Hall problem

1990年の新聞投稿欄を発端に大論争となった確率の問題。3つのドアのうち1つには新車があり、残りの2つにはヤギがいる。挑戦者が1つのドアを選ぶと、司会者はそのドアは開けず、残りの2つのドアの1つを開けてヤギを挑戦者に見せながら「選択を変えてもよい」と言う。新車が欲しい挑戦者は選択を変えたほうがよいか、という問題である。司会者が1つのドアを開けた段階で、新車が当たるかはずれるかの確率はどちらも $\frac{1}{2}$。よって変えても変えなくても同じに思えるが、この問題の正解は「変えたほうがよい」。変更することで確率は $\frac{1}{3}$ から $\frac{2}{3}$ と2倍になる。

∞ link　確率 /p.243

RSA 暗号

RSA ctyptosystem

素因数分解を利用した現代の暗号。現代において、ネット
ショッピングの本人確認などで社会に広く浸透している。
巨大な数同士のかけ算は簡単だが、巨大な数の素因数分解
は事実上不可能なほど時間がかかる。たとえば約 600 桁
の数の素因数分解には現代のスーパーコンピュータを使っ
ても 1 億年以上かかる。RSA 暗号はこのかけ算と素因数
分解の違いを利用して秘密を守る。ところが量子力学によ
る量子コンピュータは巨大な数の素因数分解も可能にする
といわれている。暗号の強力なライバルの出現である。

RSA 暗号の仕組み

お母さんから「今日の夕飯は *%&@×」とメッセージが
来た。この「*%&@×」は、ぼくがお母さんや友だちに
知らせてある「86909」を使って、お母さんが作った暗号
だ。86909 の素因数分解は 233 × 373、これはぼくが最初
に決めた 2 つの素数。この 2 つの素数で「*%&@×」が
「RAMEN」と知る。「*%&@×」を友だちに見られても
大丈夫。86909 ＝ 233×373 と素因数分解できない友だち
は、「*%&@×」が「RAMEN」だと知ることはない。
みんなに知らせている「86909」を公開鍵という。これが
RSA 暗号のイメージだ。

🔗 link　素因数分解 /p.075、暗号 /p.198、コンピュータ /p.287

フェルマーの最終定理
Fermat's last theorem

3 以上の自然数 n で、$x^n + y^n = z^n$ となる自然数の組 (x, y, z) は存在しないという定理。$n=1$ のときは $x + y = z$ となり、これを満たす自然数の組は無数にある。$n=2$ では $x^2 + y^2 = z^2$、つまり三平方の定理であり、$(3, 4, 5)$、$(5, 12, 13)$ などの自然数の組が式を満たす。しかし 3 以上の n では式を満たす自然数の組 (x, y, z) がないことを、17 世紀にフェルマーが予想した。$n=3$ についてはオイラーが、$n=4$ はフェルマー自身が証明したが、$n=5$ 以上の証明は困難を極めた。フェルマーの予想から 360 年後の 1995 年にアンドリュー・ワイルズによって証明された。

証明までの長い道のり

なにしろ 360 年間解けなかった問題だ。x、y、z、n の 4 つの自然数をどう組み合わせても成立しないことを示すのだから寒々しいほどとてつもない。証明したワイルズでさえ、幼少期にその証明を志したにもかかわらず、それを目指していることは公言しなかったという。学生時代の師にはそれに取り組むことを反対され、代わりにだ円曲線に取り組んだが、結果的にこの研究が役立った。証明を公表する直前の 7 年間は数学者と交流せず、論文も書かなかった。人類で挑んだ 360 年も長いが、1 人で考えた 7 年も十分長い。

ポアンカレ予想

Poincaré conjecture

4次元の幾何学に関する予想。図形の伸び縮みが許される
トポロジーでは、マフィンとボールは同じ図形だが、穴の
開いたドーナツはボールと同じ図形ではない。このように
穴さえ開いていなければ、どんな図形もボールと同じにな
るのがこの予想の概略である。ここで大きな問題となるの
が「4次元の幾何学」。私たちが目にするマフィンやボー
ルは、表面は2次元で、3次元空間にある。ポアンカレ予
想は、表面が3次元で、4次元空間にある図形を扱う。解
決に1億円の懸賞金がかけられていたが、2005年に証明
を遂げたペレルマンは懸賞金を受け取らなかった。

数史　**グレゴリー・ペレルマン**

1966年ロシア生まれの数学者。ポアンカレ予想の解決で受賞したフィー
ルズ賞だけでなく、多くの賞を辞退している。

link　平面 /p.036,　空間 /p.037,　幾何 /p.098,　証明 /p.112,　次元 /p.224,
トポロジー /p.262

コラッツ予想
Collatz conjecture

ある正の整数 n が「偶数ならば 2 でわる」「奇数ならば 3
倍して 1 をたす」のどちらかを繰り返すとき、どの数から
スタートしても必ず 1 になるという予想。20 世紀前半、
コラッツによる提題。$3n+1$ 問題とも。たとえば $n=3$ と
すると、$3 \rightarrow 10 \rightarrow 5 \rightarrow 16 \rightarrow 8 \rightarrow 4 \rightarrow 2 \rightarrow 1$ となる。27
から始めると 1 に至るまで 111 回の操作を必要とする。こ
の予想は 2^{68} までは正しいことが証明されているが、すべ
ての正の整数 n で成立するかは未解決。手順がわかりやす
く誰でも試せるが、解決は極めて困難であり、フェルマー
の最終定理と同じ悪魔的な問題といえる。2021 年に日本
の会社が 1 億 2 千万円の懸賞金をかけた。

Follow the white rabbit

コラッツ予想のルールのもとでは、数は減ったり増えたり
を繰り返す。2、4、8、16 など、2 の n 乗になればあとは
1 に向けて一直線。なぜならばこれらの数は 2 でわり続け
てもそのコースをはみ出さないからだ。こう考えると、コ
ラッツ予想とは数の増減を繰り返しながらいかに 2 の n 乗
のコースに入るかといえる。現在は 324 ページ。この 324
を出発したウサギは増加・減少のジャンプを繰り返し、や
がて 1 ページの「巣」に帰る。ウサギのあとを追ってみよう！

🔗 link ｜ /p.012、偶数・奇数 /p.024、数列 /p.028、
証明 /p.112、フェルマーの最終定理 /p.322

リーマン予想
Riemann hypothesis

ゼータ関数 $\zeta(s) = 1 + \dfrac{1}{2^s} + \dfrac{1}{3^s} + \dfrac{1}{4^s} + \dfrac{1}{5^s} + \cdots$ に関する予想。懸賞金がかけられている未解決問題の1つ。s に -2、-4 などの負の偶数を代入するとその値は0になる。それ以外で0になるのは「$s = \dfrac{1}{2} + \bigcirc i$」のとき、と19世紀半ばにリーマンは予想した。この予想が正しければ、ガウス平面において $\zeta(s) = 0$ のすべての解は実軸と、実部が $\dfrac{1}{2}$ の直線、垂直に交わるこの2本の直線上に存在することになる。また、$\zeta(s) = \dfrac{1}{1-2^{-s}} \times \dfrac{1}{1-3^{-s}} \times \dfrac{1}{1-5^{-s}} \times \dfrac{1}{1-7^{-s}} \times \cdots$ と素数を含む項のかけ算でも表されるため、リーマン予想は素数の分布の研究にもつながる。

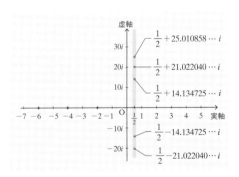

数学の未来 / 数学と未来

　著名な未解決問題の1つに「ABC予想」がある。たし算やかけ算、素因数分解で表せる整数論の問題で、フェルマーの最終定理とも関係する。2023年7月、この問題に懸賞金がかけられた。懸賞金のスポンサーも、2021年にABC予想を解いたと主張した論文の著者も日本人である。

　ときおり「数学の研究は十分に進んでしまい、残っているのは難問ばかり。一握りの天才以外には新発見の余地がない」と嘆く声があるが、これはおそらく正しくない。

　整数から実数、実数から複素数というように、人は「数」の範囲を広げてきた。貯金をプラスの数とするとマイナスの数が借金を表すことや、1辺が整数の正方形の対角線の長さが整数でなく実数だったことなどのように、実用上のニーズが数の広がりの源となった。だがこれだけでなく、机を前に「こう考えるとどうなるだろう？」や「試しにやってみた！」のような、純粋な興味による発展もあったであろう。

　数学は「わかったことのまとめ」である。より詳しくは「《誰かが》わかったことの《すべての》まとめ」である。あまりに膨大なため、その全貌を一目で見渡すのは不可能だ

が「まとめのノート」があると思っても間違いでない。

　未来の数学は私たちの手の中にある。わからないことを明らかにしたり、新たなわからないことを作ったりするのは、動物や植物、そしておそらく宇宙人でもなく、私たちの中の誰かだ。「どこかの頭のいい人がやるでしょ」と、他人と自分に線を引くのはよくない態度である。誰に才能があるかは数学で考えても明らかでないし、それよりも重要なことに、自分の知らなかったことを知る喜びは天才でもそうでなくても等しいからだ。

　穏当な未来は微分という数学で予想できるようになったが、無難な未来ばかりでないことはこれまでの歴史で明らかである。予想外の未来を考えたり、作ったりするためには、やはり数学はあったほうがよい。肩の力を抜いて、1人1人がギリギリ届く新しい知識に触れる。この営みの中にのみ「数学の未来」はある。

2024 年 5 月 30 日　澤　宏司

『カッツ　数学の歴史』
ヴィクター・J. カッツ（著）, 上野健爾, 三浦伸夫（監訳）, 中根
美知代, 高橋秀裕, 林知宏, 大谷卓史, 佐藤賢一, 東慎一郎, 中澤聡
（翻訳）／共立出版

『マグローヒル　数学用語辞典』
マグローヒル数学用語辞典編集委員会（編集）／日刊工業新聞社

『算数・数学用語事典』
武藤徹, 三浦基弘（編著）／東京堂出版

『解析入門 I 』
杉浦光夫（著）／東京大学出版会

『線形代数　増訂版』
寺田文行（著）／サイエンス社

『データ視覚化の人類史　グラフの発明から時間と空間の可視化
まで』
マイケル・フレンドリー, ハワード・ウェイナー（著）, 飯嶋貴
子（翻訳）／青土社

『Newton 大図鑑シリーズ　数学大図鑑』
ニュートンプレス

『ゼロからわかる統計と確率　ベイズ統計編』
ニュートンプレス

『図解　数学の定理と数式の世界』
矢沢サイエンスオフィス（編著）／ワン・パブリッシング

『天才たちのつくった数学の世界　現代数学に影響を与えた数学者たちの軌跡』
綜合図書

『数学が好きになる数の物語100話』
コリン・スチュアート（著）、竹内淳（監訳）、赤池ともえ（翻訳）
／ニュートンプレス

『数学の楽しみ　身のまわりの数学を見つけよう』
テオニ・パパス（著）、安原和見（翻訳）／筑摩書房

『数学をつくった人びとI』
E.T. ベル（著）、田中勇、銀林浩（翻訳）／早川書房

『すばらしい数学者たち』
矢野健太郎（著）／新潮社

OnlineEtymologyDictionary（エティモンライン-英語語源辞典）
https://www.etymonline.com　2024.04.10 閲覧

Wolfram|Alpha（ウルフラム・アルファ）
https://ja.wolframalpha.com　2024.04.10 閲覧

Britannica（ブリタニカ）
https://www.britannica.com/science/mathematics
2024.06.05 閲覧

Mathigon（マシゴン）
https://mathigon.org/timeline
2024.06.05 閲覧

著： **澤宏司** Koji Sawa

<ruby>数々<rt>かずかず</rt></ruby>企画代表。博士（理学）。1994 年早稲田大学理工学部数学科卒。2010 年神戸大学大学院理学研究科地球科学惑星科学博士後期課程修了。同志社大学准教授を経て、2024 年 4 月から現職。専門は数理科学、数理論理学。最近は論理と時間・空間の関係に関するモデルの研究に従事。簡単な計算を伴う全身運動プログラム「サワ☆博士の数楽たいそう」主宰。好きな映画監督はポール・バーホーベン。

絵：**廣﨑遼太朗** Ryotaro Hirosaki

1996年生まれ。名古屋出身のグラフィックデザイナー、イラストレーター。名古屋市立大学芸術工学研究科を修了。その後、都内グラフィックデザイン事務所を経て、現在はフリーランスとして活動中。

数 の 辞 典

2024年7月21日　初版第1刷発行

著者	澤宏司
挿絵	廣﨑遼太朗

装丁	コバヤシタケシ
DTP	あおく企画
協力	上浦基
	矢作ちはる（ワタリドリ製作所）
印刷・製本	シナノ印刷株式会社
編集	平野さりあ

発行者	安在美佐緒
発行所	雷鳥社
	〒167-0043　東京都杉並区上荻2-4-12
	TEL 03-5303-9766
	FAX 03-5303-9567
	HP http://www.raichosha.co.jp
	E-mail info@raichosha.co.jp
	郵便振替　00110-9-97086

ISBN 978-4-8441-3806-8　C0041
©Koji Sawa/Ryotaro Hirosaki/ Raichosha 2024 Printed in Japan.